普通高等教育"十三五"规划教材

SOLIDWORKS 2019 基础教程

主编　石怀涛　安冬
参编　袁哲　刘士明　李颖

U0218599

机 械 工 业 出 版 社

本书共 8 章，结合目前机械设计的前沿课题，通过 36 个完整实例详细讲解了应用 SOLIDWORKS 2019 进行机械设计的方法。全书使用 SOLIDWORKS 2019 设计软件进行教学讲解，旨在促进学生增强机械工程领域基础知识并提高应用能力，进而成为能够从事机械工程领域内的设计制造、科技研发、应用研究等方面工作的高级工程技术人才。参与编写本书的老师均为沈阳建筑大学机械工程学院教学队伍中的年轻骨干力量，不仅具有丰富的实际教学经验，而且均参与了国家级别的科研课题，能够紧跟本学科国内外科研的先进技术及教学研究的先进成果。本书附相关立体化配套资源，内容包括 36 个设计实例的操作演示视频和设计源文件，方便学生课前预习和课后复习。

图书在版编目（CIP）数据

SOLIDWORKS 2019基础教程/石怀涛，安冬主编 . —北京：机械工业出版社，2019.9（2025.2重印）
普通高等教育"十三五"规划教材
ISBN 978-7-111-63563-5

Ⅰ.①S…　Ⅱ.①石…②安…　Ⅲ.①机械设计-计算机辅助设计-应用软件-高等学校-教材　Ⅳ.①TH122

中国版本图书馆CIP数据核字（2019）第195268号

机械工业出版社（北京市百万庄大街 22 号　邮政编码 100037）
策划编辑：徐鲁融　责任编辑：徐鲁融　刘丽敏
责任校对：王　欣　封面设计：张静
责任印制：张　博
北京中科印刷有限公司印刷
2025 年 2 月第 1 版第 7 次印刷
184mm×260mm · 11.25 印张 · 271 千字
标准书号：ISBN 978-7-111-63563-5
定价：29.80 元

电话服务　　　　　　　网络服务
客服电话：010-88361066　机　工　官　网：www.cmpbook.com
　　　　　010-88379833　机　工　官　博：weibo.com/cmp1952
　　　　　010-68326294　金　书　网：www.golden-book.com
封底无防伪标均为盗版　机工教育服务网：www.cmpedu.com

前　言

　　本书共 8 章，结合目前机械设计的前沿课题，通过具体实例详细讲解了利用 SOLIDWORKS 2019 进行机械设计的方法。第 1 章介绍了 SOLIDWORKS 2019 基础知识与新增功能；第 2 章以 7 个实例介绍了草图绘制的基础知识，包括草图绘制、尺寸标注、草图编辑等；第 3 章全面讲解了典型结构特征的设计方法与技巧；第 4 章讲解了 SOLIDWORKS 2019 零件基体建模方法；第 5 章讲解了实体阵列与镜向的具体方法和技巧；第 6 章讲解了曲线与曲面特征造型方法；第 7 章讲解了利用 SOLIDWORKS 2019 进行装配体设计的方法；第 8 章以实例讲解了装配体工程图设计的具体方法和技巧。

　　全书使用最新版的 SOLIDWORKS 2019 设计软件进行教学讲解，旨在促进学生增强机械工程领域基础知识并提高应用能力，进而成为能够从事机械工程领域内的设计制造、科技研发、应用研究等方面工作的高级工程技术人才。编者结合多年的实际教学经验，在研究同类经典教材的基础上，将本书的篇幅结合学时合理分配；考虑到学生的学习习惯和教师的教学效果，每个实例的讲解都由浅入深，通俗易懂，达到老师易教、学生易学的目的。

　　全书摒弃了以往 SOLIDWORKS 相关书籍的陈旧内容，增加的设计实例均为目前机械设计领域的新技术、新知识、新工艺的应用，使得学生能够第一时间掌握本学科领域的先进设计方法和思路。参与本书编写的老师均为沈阳建筑大学机械工程学院教学队伍中的年轻骨干力量，不仅具有丰富的实际教学经验，而且均参与了国家级别的科研课题，能够紧跟本学科国内外科研的先进技术及教学研究的先进成果。全书附相关数字资源，包括全书设计实例的设计源文件和视频，方便学生课前预习，以及在课后练习时进行比对和提高。

　　本书由石怀涛、安冬主编，参与编写的有袁哲、刘士明、李颖，此外还要感谢黄建起、任彬、马若辰、李刚、张执锦等人在本书编写过程中的贡献。全书由石怀涛、安冬统稿。

　　本书的编写参考了国内外学者的大量论著和资料，由于篇幅所限，不能一一列出，谨在此对其作者表示由衷的感谢！由于时间仓促，书中难免有疏漏之处，恳请广大读者批评指正。

编　者

目 录

目录

第1章

SOLIDWORKS 2019 简介与新增功能

本章将对 SOLIDWORKS 的背景、主要设计特点及 2019 版本的新增功能进行简单的介绍，让读者对该软件有个初步的认识。

1.1 SOLIDWORKS 2019 概述

SOLIDWORKS 是一款参变量式 CAD 设计软件。所谓参变量式设计，就是将零件尺寸的设计用参数描述，零件外形的设计修改也通过参数的修改来实现。

SOLIDWORKS 在 3D 设计中的特点有以下几方面。

1）SOLIDWORKS 提供了一整套完整的动态界面和鼠标拖动控制。

2）用 SOLIDWORKS 资源管理器可以方便地管理 CAD 文件。

3）配置管理是 SOLIDWORKS 软件体系结构中非常独特的一部分，它涉及零件设计、装配设计和工程图。

4）通过 eDrawings 可以方便地共享 CAD 文件。

5）从三维模型中可以自动生成工程图，包括视图、尺寸和标注。

6）RealView 图形显示模式可以对设计进行高清晰度直观地显示。

7）在应用钣金设计工具时，可以使用折叠、折弯（放样的折弯、绘制的折弯）、法兰、切口、标签、斜接、褶边等工具从头创建钣金零件。

8）在进行焊件设计时，绘制框架的布局草图并选择焊件轮廓，SOLIDWORKS 将自动生成 3D 焊件设计。

9）在进行模具设计时，可以导入 IGES、STEP、Parasolid、ACIS 和其他格式的零件几何体来进行模具设计。

10）在创建装配体时，可以通过选取各个曲面、边线、曲线和顶点来配合零部件创建零部件间的机械关系进行干涉、碰撞和孔对齐检查。

11）在仿真装配体运动时，只需单击和拖动零部件，即可检查装配体运动情况是否正常，以及是否存在碰撞。

12）材料明细表可以基于设计自动生成，从而节约大量的时间。

13）SOLIDWORKS Simulation 工具能帮助新用户和专家进行零件验证，确保其设计具有耐用性、安全性和可制造性。

14）通过 SOLIDWORKS Toolbox、SOLIDWORKS Design ClipArt 和 3D ContentCentral 可以即时访问标准零件库。

15）使用 PhotoView 360 可生成 3D 模型的照片级渲染，进而可对模型进行演示或材质研究。

16）在进行步路系统时，可使用 SOLIDWORKS Routing 自动处理和加速管筒、管道、电力电缆、缆束和电力导管的设计过程。

1.2　SOLIDWORKS 2019 界面环境

1.2.1　菜单栏

菜单栏显示在界面的最上方，如图 1-1 所示，其中关键的功能主要集中在【插入】与【工具】菜单中。

图 1-1　菜单栏

对应于不同的工作环境，SOLIDWORKS 中相应的菜单及其中的选项会有所不同。当进行一定的任务操作时，不起作用的菜单命令会临时变灰，此时将无法应用该菜单命令。以【窗口】菜单为例，如图 1-2 所示，选择【窗口】|【视口】|【四视图】菜单命令，此时视图切换为多视口查看模型的状态，如图 1-3 所示。

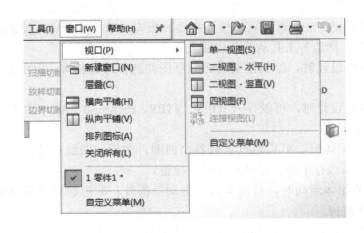

图 1-2　【窗口】菜单

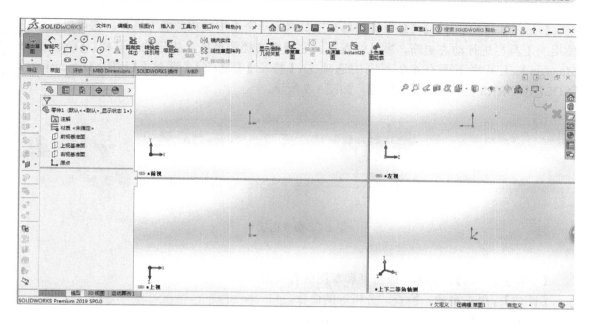

图 1-3 多视口状态

1.2.2 工具栏

SOLIDWORKS 2019工具栏包括标准主工具栏和自定义工具栏两部分。【前导视图工具】工具栏以固定工具栏的形式显示在图形区域的正中上方，如图1-4所示。

图 1-4 【前导视图工具】工具栏

打开某个工具栏（例如【参考几何体】工具栏），它有可能默认排放在主窗口的边缘，可以拖动它到图形区域中成为浮动工具栏，如图1-5所示。

在选择工具栏中的命令时，当指针移动到工具栏中的图标附近，会弹出一个内容提示文本框来显示该工具的名称及相应的功能，如图1-6所示，显示一段时间后，该内容提示文本框会自动消失。

图 1-5 【参考几何体】工具栏

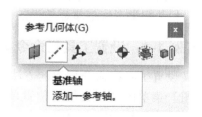

图 1-6 内容提示文本框

【Command Manager】（命令管理器）工具栏是一个上下文相关的工具栏，它可以根据要使用的工具栏进行动态更新，默认情况下，它根据文档类型嵌入相应的工具栏。【Command Manager】工具栏下面有 6 个不同的选项卡：【特征】【草图】【评估】【MBD Dimensions】【SOLIDWORKS 插件】和【MBD】，如图 1-7 所示。

图 1-7　命令选项卡

【特征】【草图】：提供生成特征和草图的有关命令。
【评估】：提供测量、检查、分析等的命令。
【SOLIDWORKS 插件】：选择有关插件。
【MBD】：基于模型的定义，可实现无需工程图的模型创建。

1.2.3　状态栏

状态栏位于图形区域底部，显示当前正在编辑的内容的状态，以及指针位置坐标、草图状态等信息内容，如图 1-8 所示。

| 60.57mm | 17.58mm | 0mm | 完全定义 | 正在编辑：草图1 | 🖱 | ❓ | ✏ |

图 1-8　状态栏

状态栏中会有如下典型信息。
🖱【重建模型图标】：在更改了草图或零件而需要重建模型时，重建模型图标会显示在状态栏中。
【草图状态】：在草图的编辑过程中，状态栏会出现完全定义、过定义、欠定义、没有找到解、发现无效的解 5 种状态。在零件完成之前，最好完全定义草图。
❓【快速提示帮助图标】：它会根据 SOLIDWORKS 的当前模式给出提示和选项，很方便快捷，利于初学者快速掌握软件的使用。

1.2.4　实例 1-1：设置工具栏命令按钮

自定义设置工具栏命令按钮的方法为：选择菜单栏中的【视图】|【工具栏】命令，或者在【视图】菜单的【工具栏】位置单击鼠标右键，将显示【工具栏】菜单，如图 1-9 所示。从图中可以看出，SOLIDWORKS 2019 提供了很多工具栏命令按钮选项，方便使用者自定义工具栏要显示的命令或按钮。

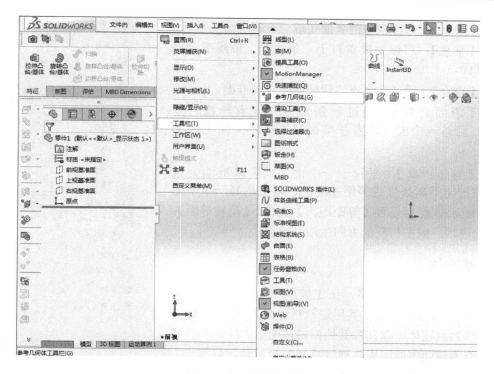

图 1-9　【工具栏】菜单

1.3　参考几何体

1.3.1　基准面

在【特征管理器设计树】中默认提供前视、上视及右视基准面，除了默认的基准面外，可以生成参考基准面。

在 SOLIDWORKS 中，参考基准面的用途很多，总结为以下 6 项。

1）作为草图绘制平面。

2）作为视图定向参考。

3）作为装配时零件相互配合的参考面。

4）作为尺寸标注的参考。

5）作为模型生成剖面视图的参考面。

6）作为拔模特征的参考面。

参考基准面的属性设置方法为：单击【参考几何体】工具栏中的　【基准面】按钮，或者选择【插入】|【参考几何体】|【基准面】菜单命令，在【属性管理器】中弹出【基准面】属性管理器，如图 1-10 所示。

在【第一参考】选项组中，可以选择需要生成的基准面类型及项目。主要有如下几种选项。

【平行】：通过模型的表面生成一个基准面。

【垂直】：可以生成垂直于一条边线、轴线或者平面的基准面。

【重合】：通过一个点、线或面生成基准面。

【两面夹角】：通过一条边线（或者轴线、草图线等）且与一个面（或者基准面）按一定夹角生成基准面。

【等距距离】：平行于一个面（或者基准面）且在一定的指定距离处生成等距基准面。首先选择一个平面（或者基准面），然后设置【等距距离】数值。【反转等距】：若选择此选项，则在相反的方向生成基准面。

图 1-10 【基准面】属性管理器

1.3.2 基准轴

参考基准轴的用途较多，在生成草图几何体或者圆周阵列时常使用参考基准轴，其用途概括起来为以下 3 项。

1）作为圆柱体、圆孔和其他回转体的中心线。

2）作为辅助生成圆周阵列等特征的参考轴。

3）作为同轴度特征的参考轴。

1. 临时轴

每一个圆柱和圆锥面都有一条轴线。临时轴是由模型中的圆锥和圆柱隐含生成的，临时轴常被设置为基准轴。

可以设置隐藏或显示所有临时轴。选择【视图】|【隐藏 / 显示】|【临时轴】菜单命令，此时菜单命令如图 1-11 所示，表示临时轴可见。

2. 参考基准轴的属性设置

单击【参考几何体】工具栏中的【基准轴】按钮，或者选择【插入】|【参考几何体】|【基准轴】菜单命令，在【属性管理器】中弹出【基准轴】属性管理器，如图 1-12 所示。

在【选择】选项组中可以进行选择以生成不同类型的基准轴，有如下 5 个选项。

【一直线 / 边线 / 轴】：选择一条草图直线或者边线作为基准轴。

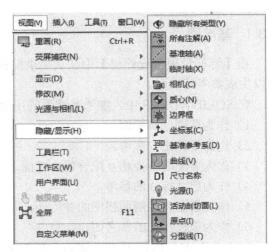

图 1-11 【视图】菜单命令

【两平面】：选择两个平面，利用两个面的交线作为基准轴。

【两点 / 顶点】：选择两个顶点，利用两个点的连线作为基准轴。

【圆柱 / 圆锥面】：选择一个圆柱或者圆锥面，利用其轴线作为基准轴。

【点和面 / 基准面】：选择一个平面，然后选择一个顶点，利用所选顶点到所选平面的垂线作为基准轴。

3. 显示参考基准轴

选择【视图】|【隐藏 / 显示】|【基准轴】菜单命令，如图 1-13 所示，设置基准轴可见。再次选择该命令，该图标恢复为基准轴显示关闭的状态。

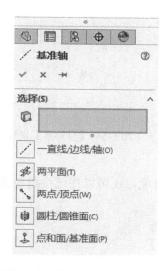

图 1-12 【基准轴】属性管理器

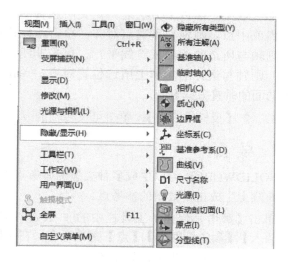

图 1-13 【视图】菜单命令

1.3.3 坐标系

SOLIDWORKS 使用带原点的坐标系统。当用户选择基准面或者打开一个草图并选择某一面时，将生成一个与基准面或者所选面对齐的新的原点。原点可以用作草图实体的定位点，并有助于轴心透视图的定向。原点有助于 CAD 数据的输入与输出、计算机辅助制造、质量特征的计算等。

1. 原点

零件原点显示为蓝色，代表零件的（0，0，0）坐标。当草图处于激活状态时，草图原点显示为红色，代表草图的（0，0，0）坐标。可以将尺寸标注和几何关系添加到零件原点中，但不能添加到草图原点中。各种原点的图标及作用如下。

：蓝色，表示零件原点，每个零件文件中均有一个零点原点。

：红色，表示草图原点，每个新草图中均有一个草图原点。

：表示装配体原点。

：表示零件和装配体文件中的视图引导。

2. 参考坐标系的属性设置

单击【参考几何体】工具栏中的 【坐标系】按钮，或者选择【插入】|【参考几何体】|【坐标系】菜单命令，在【属性管理器】中弹出【坐标系】属性管理器，如图 1-14 所示。

在【选择】选项组可以进行选择以设置坐标系属性，具体如下。

1）🔧【原点】：定义原点。单击其选择框，在图形区域中选择零件或者装配体中的一个顶点、点、中点或者默认的原点。

2）【X轴】【Y轴】【Z轴】：定义各轴。单击其选择框，在图形区域中按照以下方法之一定义所选轴的方向：单击顶点、点或中点，则轴与所选点对齐；单击线性边线或草图直线，则轴与所选的边线或直线平行；单击非线性边线或草图实体，则轴与选择的实体上所选位置对齐；单击平面，则轴与所选面的垂直方向对齐。

3）↗【反转轴方向】：单击可反转轴的方向。

图 1-14 【坐标系】属性管理器

1.3.4 点

SOLIDWORKS 可以生成多种类型的参考点以用作构造对象，还可以在已按指定距离分割的曲线上生成指定数量的参考点。

单击【参考几何体】工具栏中的 ▪（点）按钮，或者选择【插入】|【参考几何体】|【点】菜单命令，在【属性管理器】中弹出【点】属性管理器，如图 1-15 所示。

在【选择】选项组中可以进行选择以按不同方式生成点，具体如下。

📦【参考实体】：在图形区域中选择实体，在实体的某些交点处生成点。

⊙【圆弧中心】：在选中的圆弧的中心生成点。

▣【面中心】：在选中的面的中心生成点。

✕【交叉点】：在交叉点生成点。

⬇【投影】：在投影点生成点。

╱【在点上】：在某个点上生成点。

图 1-15 【点】属性管理器

※【沿曲线距离或多个参考点】：沿边线、曲线或者草图线段生成一组参考点，输入距离或者百分比数值即可。

1.4 SOLIDWORKS 2019 新功能

1.4.1 草图、视图及基本新增功能

1. 编辑通用样条曲线

在 SOLIDWORKS 2019 中，在样条曲线上应用【转换实体】【偏移实体】或【相交曲

线】时，结果将为【通用样条曲线】。通用样条曲线将替换样条曲线。

以前，很难控制样条曲线的形状。而在 SOLIDWORKS 2019 中，借助【通用样条曲线】属性管理器中的选项，可以更轻松地控制通用样条曲线的形状。

2. 测地实体

在 SOLIDWORKS 2019 中，可以使用曲面上偏移工具创建测地 3D 草图偏移实体。单击【草图】工具栏中的 ◈【曲面上偏移】按钮，或者选择【工具】|【草图工具】|【曲面上偏移】菜单命令，就会弹出【曲面上偏移】属性管理器。

以前，只能在曲面上创建欧几里德等距，而 SOLIDWORKS 2019 的【曲面上偏移】属性管理器具有以下偏移选项。SOLIDWORKS 2019 中生成的曲面如图 1-16 所示。

【测地线等距】：在考虑支持面曲率的情况下，在选定边线和结果偏移实体之间创建可能的最短偏移距离。

【欧几里德等距】：在选定边线和不包括曲面曲率的偏移实体之间创建线性偏移距离。

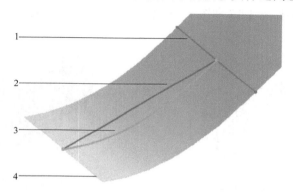

图 1-16　曲面

1—偏移草图实体　2—欧几里德等距距离（作为线性距离进行测量）
3—测地线等距距离（沿曲面测量）　4—偏移的选定边线

3. 触控笔工具草图绘制增强功能

在 SOLIDWORKS 2019 中，可以使用 ✐【触控笔】工具来创建样条曲线、槽口、椭圆和尺寸。触控笔工具可在有触控功能的设备上使用。

4. 草图油墨命令管理器增强功能

↻【转换为椭圆】：当绘制椭圆或槽口时将墨迹笔画转换为槽口草图实体。单击上下文工具栏上的【转换为椭圆】可以将形状由槽口切换为椭圆。

☷【转换为复合形状】：将墨迹笔画近似为直线和圆弧。

〜【转换为样条曲线】：将墨迹笔画的直线和圆弧转换为样条曲线。

✐【标尺】和 ◎【延长器】：有助于创建直线。在直边线附近绘制笔画时，它们将与标尺的边线对齐。也可以从草图油墨弹出菜单访问这些工具。

▷【选择工具】：单击触控笔鼓形上的按钮以在【触控笔】和【选择】模式之间切换。这有助于实现快速拖动并进行选择。

5. 投影曲线增强功能

在 SOLIDWORKS 2019 中，可以在单一草图中创建多个闭环或开环轮廓投影曲线，也可以使用 3D 草图作为【投影曲线】工具的输入。

以前，必须为每个实体创建单独的草图，然后使用【投影曲线】工具。

而在 SOLIDWORKS 2019 中，【投影曲线】属性管理器中的【双向】选项会在两个相反方向上投影草图。还可以使用诸如边线、草图、平面或面等平面或线性参考为投影曲线设置自定义方向。

1.4.2 特征零件新增功能

1. 创建部分倒角和圆角

在 SOLIDWORKS 2019 中，可以沿模型边线创建指定长度的部分倒角和圆角。

【圆角】属性管理器和【倒角】属性管理器的手动选项卡包含一个组框，可以在其中指定部分边线参数。在要圆角化的项目或要倒角化的项目中选择边线时，展开部分边线参数以定义部分特征的开始和结束位置。此增强功能仅可用于固定尺寸圆角和等距面倒角。圆角处理前后的零件模型分别如图 1-17 和图 1-18 所示。

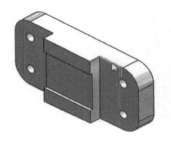
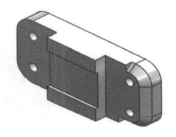

图 1-17　圆角处理前的零件　　　　　　图 1-18　圆角处理后的零件

2. 边界框

在 SOLIDWORKS 2019 中，使用边界框时的性能已得到改进。在压缩或隐藏【边界框】特征时，将不会对其进行重建。

3. 装饰螺纹线的改进

在 SOLIDWORKS 2019 中，当顺流特征中有子参考时，多个有关如何创建、更新和显示装饰螺纹线的问题已经解决。

【装饰螺纹线】特征有更强大的架构，因此它们的行为更加统一。改进的行为将为边线和面提供更稳定的参考，并为装配体、工程图和图形提供正确的参数。改进内容包括：支持锥形螺纹、镜向和阵列几何体、更好地映射到非平面曲面，以及锥形轴标准。

增强功能包括如下两点。

1）装饰螺纹线支持锥形轴和孔标准。此外，在选择【插入】|【标注】|【装饰螺纹线】菜单命令创建装饰螺纹线时，还支持螺纹的不同等级。

2）在【装饰螺纹线】属性管理器中，可以输入方程式直接配置装饰螺纹线的主直径或次直径。

4. 从曲面删除孔

在 SOLIDWORKS 2019 中，可以使用【删除孔】工具更轻松地从曲面实体删除孔。而以前，只能通过【删除】命令来删除曲面孔。

要访问【删除孔】工具，可以选择【插入】|【曲面】|【删除孔】菜单命令，或者在图形区域中，选择曲面孔的边线，右键单击并选择【删除孔】命令。此外，【删除孔】属性管理器会显示在【选择】框中选择的所有边线。

1.4.3　装配体新增功能

1. 装配体中的边界框

在 SOLIDWORKS 2019 中，可以在包含几何体的装配体中创建【边界框】特征，并将使用与零件级别相同的方法计算边界框。

一个装配体只能包含一个 ▣【边界框】特征。在特征管理设计树中，可以右键单击边界框，然后单击【隐藏】【显示】【压缩】或【解除压缩】。要查看边界框，可以选择【视图】|【隐藏／显示】|【边界框】菜单命令。要查看边界框属性，可以将鼠标悬停在特征管理设计树中的 ▣【边界框】上，或者依次单击【文件】|【属性】|【配置特定】，将显示边界框的长度、宽度、厚度和体积值。

2. 爆炸视图

在 SOLIDWORKS 2019 中，可以逐步完成爆炸视图，还可以回滚爆炸视图以查看每个步骤的结果。

要打开现有爆炸视图的爆炸属性管理器，可以在【配置管理器】选项卡上展开配置，或者右键单击 ▣【爆炸视图】，然后单击 ▣【编辑特征】按钮。

可以在【爆炸】属性管理器中使用以下功能。

1）修改新的或现有步骤的名称。

2）在退回控制棒上方插入步骤。

3）拖动活动步骤以重新排序步骤。

4）调整爆炸步骤框的高度大小。

5）单击【添加步骤】以添加步骤。

6）单击【重置】以重置选项。

7）单击 ▣【回滚】和 ▣【前滚】实现回滚或前滚步骤。

8）压缩步骤。对于爆炸步骤或智能爆炸直线，压缩的步骤在图形区域中不显示。压缩的步骤将保持压缩状态，无论退回控制棒在什么位置。

9）将默认名称指定为"爆炸步骤＋数字"。当您选择【拖动时自动调整零部件间距】时，默认爆炸步骤名称将为"链＋数字"。

在爆炸步骤属性管理器和 ConfigurationManager 中，可以通过拖动退回控制棒回滚或前滚步骤。右键单击位于退回控制棒上方的某个步骤可以访问【回滚】工具和【压缩】工具。右键单击位于退回控制棒下方的某个步骤可以访问【前滚】工具、【退回到前】工具和【退回到尾】工具。

对于动画控制器，以下控件被更改。

1）▶【快进】被重命名为【下一步】。

2）◀【倒回】被重命名为【上一步】。

3）■【停止】已被移除。

4）▶【播放】和 ‖【暂停】被共享于一个控件中。

3.圆周阵列

在 SOLIDWORKS 2019 中可以使用此选项为圆周阵列特征设置第二个方向，以使得其间距和实例数与第一个阵列方向对称。

要为圆周阵列指定第二个方向，可以在装配体状态下，单击【装配体】工具栏中的 ✠【圆周零部件阵列】按钮，或者选择【插入】|【零部件阵列】|【圆周阵列】菜单命令。

在【圆周阵列】属性管理器中，【方向2】的设置有如下选项。

【方向2】：启用【方向2】选项。

【对称】：从源特征创建对称阵列。

【等间距】：将【角度】设置为360°。

⅄【角度】：指定每个实例之间的角度。

❀【实例数】：指定源特征的实例数。

第②章

SOLIDWORKS 2019 草图绘制基础

SOLIDWORKS 中的草图绘制是生成特征的基础。特征是生成零件的基础，零件可放置于装配体中，草图实体也可添加到工程图中。本章将详细介绍草图绘制的操作。

2.1 草图绘制的基础操作

SOLIDWORKS 2019 进入草图绘制状态的基本操作如下。

1）启动 SOLIDWORKS 2019，单击【标准】工具栏的 📄【新建】按钮，选择新建🔷【零件】，如图 2-1 所示。单击【确定】按钮进入草图设计环境。

图 2-1 【标准】工具栏

2）在特征管理器中选择【上视基准面】，右键单击【上视基准面】后选择🖋【草图绘制】按钮，进入草图绘制界面，在图形区域中即可绘制所需草图。

以下各章节零件图的草图绘制均以此操作为基础，绘制草图及零件图时请参照此操作步骤作出相应调整。

2.1.1 点的绘制

点在模型中只起参考作用，不影响三维模型的外形，执行【点】命令后，在图形区域中的任何位置都可以绘制点。

1. 属性设置

单击【草图】工具栏上拉伸。【点】按钮，或者选择【工具】|【草图绘制实体】|【点】菜单命令，打开的【点】属性管理器如图 2-2 所示。下面具体介绍各参数的设置。

（1）【现有几何关系】选项组

⊥【几何关系】：显示草图绘制过程中自动推理或使用【添加几何关系】命令手动生成的几何关系，在列表中的一个几何关系被选中时，图形区域中所对应的标注被高亮显示。

ⓘ【信息】：显示所选草图实体的状态，通常有欠定义、完全定义等。

（2）【添加几何关系】选项组

列表中显示的是可以添加的几何关系，单击需要的选项即可添加。单击常用的几何关系为固定几何关系。

（3）【控制顶点参数】选项组

⦁x：在后面的框中输入点的 X 坐标。

⦁Y：在后面的框中输入点的 Y 坐标。

2. 绘制点的操作方法

1）在草图绘制状态下，选择【工具】|【草图绘制实体】|【点】菜单命令，或者单击【草图】工具栏上的 ⦁【点】按钮，指针形状变为 ⬚【点】。

2）在图形区域需要绘制点的位置单击，确认绘制点的位置，此时绘制点的命令继续处于激活状态，可以继续绘制点。

图 2-2 【点】属性管理器

3）在图形区域中单击右键，弹出如图 2-3 所示的快捷菜单，选择【选择】命令，或者单击【草图】工具栏上的 ⤵【退出草图】按钮，退出草图绘制状态。

2.1.2 直线的绘制

1. 属性设置

单击【草图】工具栏上的 ／【直线】按钮，或者选择【工具】|【草图绘制实体】|【直线】菜单命令，打开的【插入线条】属性管理器，如图 2-4 所示。

图 2-3 快捷菜单

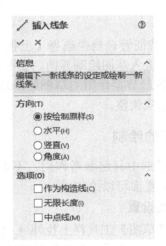

图 2-4 【插入线条】属性管理器

下面具体介绍【方向】选项组各选项的意义。

【按绘制原样】：以指定点的方式绘制直线，选中该选项绘制直线时，指针附近出现【任意直线】图标符号 ✎ 。

【水平】：以指定长度的方式在水平方向绘制直线，选中该选项绘制直线时，指针附近出现【水平直线】图标符号 ━ 。

【竖直】：以指定长度的方式在竖直方向绘制直线，选中该选项绘制直线时，指针附近出现【竖直直线】图标符号 ▮ 。

【角度】：以指定角度和长度的方式绘制直线，选中该选项绘制直线时，指针附近出现【角度直线】图标符号 ◢ 。

2. 绘制直线的操作方法

直线通常有两种绘制方式，即拖动式和单击式。拖动式是在绘制直线的起点按住鼠标左键并开始拖动，直到直线终点放开；单击式是在绘制直线的起点单击，然后在直线终点单击。

2.1.3　圆的绘制

1. 属性设置

单击【草图】工具栏上 ⊙ 【圆】按钮，或者选择【工具】|【草图绘制实体】|【圆】菜单命令，打开【圆】属性管理器。圆的绘制方式有中心圆和周边圆两种，【圆】属性管理器如图 2-5 所示。

下面具体介绍【圆类型】选项组各图标的意义。

⊙ 【绘制基于中心的圆】：以指定圆心和半径的方式绘制圆。

⊙ 【绘制基于周边的圆】：以指定圆周上的点的方式绘制圆。

图 2-5 【圆】属性管理器

2. 绘制中心圆的操作方法

1）在草图绘制状态下，选择【工具】|【草图绘制实体】|【圆】菜单命令，或者单击【草图】工具栏上的 ⊙ 【圆】按钮，开始绘制圆。

2）在【圆类型】选项组中，单击 ⊙ 【绘制基于中心的圆】按钮，在图形区域中合适的位置单击，确定圆的圆心。

3）移动指针拖出一个圆，然后在合适的位置单击，确定圆的半径。

4）单击【圆】属性管理器中的 ✔ 【确认】按钮，完成圆的绘制。

3. 绘制周边圆的操作方法

1）在草图绘制状态下，选择【工具】|【草图绘制实体】|【圆】菜单命令，或者单击【草图】工具栏上的 ⊙ 【圆】按钮，开始绘制圆。

2）在【圆类型】选项组中，单击选择 ⊙ 【绘制基于周边的圆】按钮，在图形区域中合适的位置单击，确定圆周上一点。

3）拖动指针到图形区域中合适的位置后单击，确定圆周上的第二点。

4）继续拖动指针到图形区域中合适的位置后单击，确定圆周上的第三点。

5）单击【圆】属性管理器中的 ✓【确认】按钮，完成圆的绘制。

2.1.4 圆弧的绘制

1. 属性设置

单击【草图】工具栏上的 🐢【圆心 / 起 / 终点画弧】按钮，或 🐾【切线弧】按钮，或 🔼【三点圆弧】按钮，或者选择【工具】|【草图绘制实体】|【圆心 / 起 / 终点画弧】、【切线弧】或【三点圆弧】菜单命令，打开【圆弧】属性管理器，如图 2-6 所示。

下面具体介绍【圆弧类型】选项组各图标的意义。

🐢【圆心 / 起 / 终点画弧】：以指定圆心、起点和终点的方式绘制圆弧。

🐾【切线弧】：以指定草图实体和切线切点的方式绘制圆弧。

🔼【三点圆弧】：以指定三个点（起点、终点和中点）的方式绘制圆弧。

2. 圆心 / 起 / 终点画弧的操作方法

1）在草图绘制状态下，选择【工具】|【草图绘制实体】|【圆心 / 起 / 终点画弧】菜单命令，或者单击【草图】工具栏上的 🐢【圆心 / 起 / 终点画弧】按钮，开始绘制圆弧。

2）在图形区域合适的位置单击，确定圆弧的圆心。

3）在图形区域合适的位置单击，确定圆弧的起点。

4）在图形区域合适的位置单击，确定圆弧的终点。

5）单击【圆弧】属性管理器中的 ✓【确认】按钮，完成圆弧的绘制。

图 2-6 【圆弧】属性管理器

3. 绘制切线弧的操作方法

1）在草图绘制状态下，选择【工具】|【草图绘制实体】|【切线弧】菜单命令，或者单击【草图】工具栏上的 🐾【切线弧】按钮，开始绘制切线弧。

2）在已经存在的草图实体的端点处单击，如图 2-7 所示，这里选择直线的右端点为切线弧的起点。

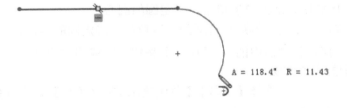

A = 118.4°   R = 11.43

图 2-7 草绘切线弧

3）移动指针拖出一段圆弧，在图形区域中合适的位置单击，确定切线弧的终点。

4）单击【圆弧】属性管理器中的 ✓【确认】按钮，完成切线弧的绘制。

4. 绘制三点圆弧的操作方法

1）在草图绘制状态下，选择【工具】|【草图绘制实体】|【三点圆弧】菜单命令，或者单击【草图】工具栏上的 【三点圆弧】按钮，开始绘制圆弧。

2）在图形区域单击，确定圆弧的起点。

3）在图形区域中合适的位置单击，确定圆弧终点的位置。

4）在图形区域中合适的位置单击，确定圆弧中点的位置。

5）单击【圆弧】属性管理器中的 【确认】按钮，完成三点圆弧的绘制。

2.1.5　矩形的绘制

1. 属性设置

单击【草图】工具栏上 【矩形】按钮，或者选择【工具】|【草图绘制实体】|【矩形】菜单命令，打开【矩形】属性管理器，如图 2-8 所示。

下面具体介绍各部分的功能。

（1）【矩形类型】选项组

 【边角矩形】：以指定对角顶点的方式绘制标准矩形。

 【中心矩形】：以指定中心点和一个顶点的方式绘制带中心点的矩形。

 【3 点边角矩形】：以指定三个顶点的方式绘制有一定角度的矩形。

 【3 点中心矩形】：以指定中心点、一边中心和一个顶点的方式绘制带有中心点的矩形。

 【平行四边形】：以指定三个顶点的方式绘制标准平行四边形。

（2）【参数】设置组

X、Y 坐标成组出现，用于设置绘制矩形的 4 个点的坐标。

2. 绘制矩形的操作方法

1）选择【工具】|【草图绘制实体】|【矩形】菜单命令，或者单击【草图】工具栏上的 【矩形】按钮，此时指针变为 形状，开始绘制矩形。

图 2-8　【矩形】属性管理器

2）在弹出的【矩形】属性管理器的【矩形类型】选项组中选择绘制矩形的类型。

3）在图形区域中根据选择的矩形类型绘制矩形。

4）单击【矩形】属性管理器中的 【确认】按钮，完成矩形的绘制。

2.1.6　多边形的绘制

1. 属性设置

【多边形】命令用于绘制边的数量为 3 ～ 40 的等边多边形。单击【草图】工具栏上 【多边形】按钮，或者选择【工具】|【草图绘制实体】|【多边形】菜单命令，打开【多边形】属性管理器，如图 2-9 所示。

下面具体介绍各部分的功能。

（1）【选项】设置组

【作为构造线】：勾选该选项，生成的多边形将作为构造线；取消勾选，生成的多边形将为实体草图。

（2）【参数】设置组

【边数】：在后面的属性管理器中输入多边形的边数，通常为 3 ~ 40。

【内切圆】：以在多边形内显示内切圆来定义多边形大小的方式生成多边形。

【外接圆】：以在多边形外显示外接圆来定义多边形大小的方式生成多边形。

【X 坐标置中】：显示多边形中心的 X 轴坐标。

【Y 坐标置中】：显示多边形中心的 Y 轴坐标。

【圆直径】：显示内切圆或外接圆的直径。

【角度】：显示多边形的旋转角度。

【新多边形】：单击该按钮可绘制另外一个多边形。

图 2-9 【多边形】属性管理器

2. 绘制多边形的操作方法

1）在草图绘制状态下，选择【工具】|【草图绘制实体】|【多边形】菜单命令，或者单击【草图】工具栏上的 【多边形】按钮，此时指针变为 形状。

2）在【多边形】属性管理器的【参数】设置组中设置多边形的边数，并选择是内切圆模式还是外接圆模式。

3）在图形区域合适的位置单击，确定多边形的中心，移动指针拖出指定边数的多边形，在合适的位置单击，确定多边形的形状。

4）在【参数】设置组中，可修改多边形的内切圆或外接圆的圆心、直径及多边形的旋转角度。

5）如果要继续绘制另一个多边形，单击属性管理器中的【新多边形】按钮，然后重复上述步骤，即可绘制一个新的多边形。

6）单击【多边形】属性管理器中的 【确认】按钮，完成多边形的绘制。

2.1.7 样条曲线的绘制

【样条曲线】命令用于绘制平滑、复杂的曲线。单击【草图】工具栏上 【样条曲线】按钮，或者选择【工具】|【草图绘制实体】|【样条曲线】菜单命令。可选择绘制如下类型的样条曲线。

【样条曲线】：可以对样条曲线进行定义和修改，包括对样条曲线上的点、曲线外的草图实体添加几何关系等。单个样条曲线可有多个通过点和跨区（通过点之间的区域），可以在每个端点处都应用曲率约束，可以在每个通过点处控制相切向量的曲率和方向。

【样式样条曲线】：当需要一条平滑曲线（即确保曲率连续）时样式样条曲线是理想选择。可以选择为【贝塞尔曲线】或【B 样条曲线】，也可以通过调整曲线曲率或插入控制点等方式控制曲线。

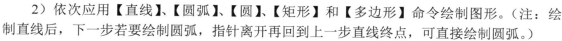【方程式驱动的曲线】：曲线在坐标系里是有方程对应的。通过输入方程式的方式，在 X 的区间内生成一条曲线。

2.1.8　实例 2-1：草绘练习 1

绘制如图 2-10 所示草图。

1）进入草图绘制状态。

实例 2-1

2）依次应用【直线】、【圆弧】、【圆】、【矩形】和【多边形】命令绘制图形。（注：绘制直线后，下一步若要绘制圆弧，指针离开再回到上一步直线终点，可直接绘制圆弧。）

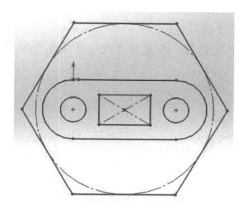

图 2-10　草绘练习 1

2.2　草图的尺寸标注

2.2.1　尺寸命令的使用

1. 线性尺寸

【智能尺寸】的线性尺寸标注项目有下列几种。

1）直线或者边线的长度：选择要标注的直线，拖动到标注的位置。

2）直线之间的距离：选择两条平行直线，或一条直线与一条平行的模型边线。

3）点到直线的垂直距离：选择一个点及一条直线或模型边线。

4）点之间的距离：选择同样两个点，然后为每个尺寸选择不同的位置。

线性尺寸标注可按如下操作方法进行添加。

1）单击【尺寸 / 几何关系】工具栏中的 ✎【智能尺寸】按钮，或者选择【工具】|【标注尺寸】|【智能尺寸】菜单命令，也可以在图形区域中右键单击草图，然后在弹出的菜单中选择【智能尺寸】命令。默认尺寸类型为平行尺寸。

2）选择要标注的线性尺寸项目。移动指针时，智能尺寸标注会自动捕捉到最近的方位。当线性尺寸预览显示出了想要的尺寸标注的位置及类型时，可以单击鼠标右键锁定该尺寸。

3）在图形区域合适的位置单击，确定尺寸标注所要放置的位置。生成的点之间的尺寸标注如图 2-11 所示。

2. 角度尺寸

要在两条直线或者一条直线和模型上的一条边线之间放置角度尺寸，可以先选择两个草图实体，然后在其周围拖动指针，在图形区域中就会显示智能尺寸的预览。由于指针位置的改变，要标注的角度尺寸数值也会随之改变。

角度尺寸标注可按如下操作方法进行添加。

1）单击【尺寸 / 几何关系】工具栏中的 ✎【智能尺寸】按钮。

2）单击其中一条直线。

3）单击另一条直线或者模型边线。

4）拖动指针显示角度尺寸的预览。

5）在图形区域合适的位置单击，确定角度尺寸标注所要放置的位置。生成的角度尺寸如图 2-12 所示。

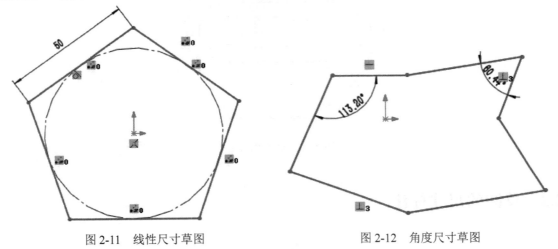

图 2-11　线性尺寸草图　　　　　　　　图 2-12　角度尺寸草图

3. 直径尺寸

以一定角度放置直径尺寸，尺寸数值显示为圆的直径尺寸，可将尺寸数值竖直或水平放置，如果要修改直径尺寸的大小，则单击该尺寸数值，输入所需尺寸数值即可。

直径尺寸标注可按如下操作方法进行添加。

1）单击【尺寸 / 几何关系】工具栏中的 ✎【智能尺寸】按钮。

2）选择圆。

3）拖动指针显示圆的直径尺寸标注的预览。

4）在图形区域合适的位置单击，确定所需直径尺寸标注所要放置的位置。生成的圆的直径尺寸如图 2-13 所示。

2.2.2　修改草图尺寸及属性

要修改尺寸，可以双击草图中已有的尺寸标注，在弹出的【修改】属性管理器中进行设置，如图 2-14 所示，然后单击 ✔【确认】按钮即可保存当前的数值并退出此属性管理器。

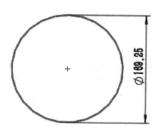

图 2-13　直径尺寸草图

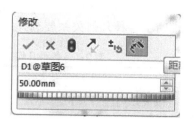

图 2-14　【修改】属性管理器

2.2.3　实例 2-2：草绘练习 2

对草绘练习 1 的草图进行尺寸标注。

1）选择【智能尺寸】命令。

2）对图形进行标注，单击选择直线标注直线长度，单击选择圆弧标注圆弧半径，单击选择圆标注圆的直径，单击选择矩形的边标注矩形边长，单击选择多边形的边标注多边形边长。通过【修改】属性管理器修改以上尺寸为如图 2-14 所示数值。

3）选择矩形长边和直线标注距离并修改为所需数值，确定二者的相对位置关系；选择矩形短边和圆心标注距离并修改为所需数值，确定二者的相对位置关系，使图形完全定义。标注完成的草图如图 2-15 所示。

实例 2-2

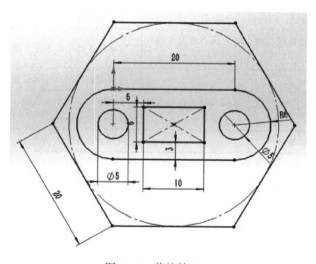

图 2-15　草绘练习 2

2.3　草图的几何约束

2.3.1　草图的几何关系

绘制草图时应用几何关系可以更容易地控制草图形状，表达设计意图，充分体现人机交互的便利。几何关系与捕捉是相辅相成的，捕捉到的特征就是具有某种几何关系的特征。表 2-1 详细说明了各种几何关系要选择的草图实体及使用后的效果。

表 2-1　各种几何关系要选择的草图及使用后的效果

几何关系	要选择的草图实体	使用后的效果
水平	一条或多条直线，两个或多个点	使直线水平，使点水平对齐
竖直	一条或多条直线，两个或多个点	使直线竖直，使点竖直对齐
共线	两条或多条直线	使草图实体位于同一直线上
全等	两段或多段圆弧	使草图实体位于同一个圆周上
垂直	两条直线	使草图实体相互垂直
平行	两条或多条直线	使草图实体相互平行
相切	直线和圆弧、椭圆弧或其他曲线，曲面和直线，曲面和平面	使草图实体保持相切
同心	两个或多个圆（圆弧）	使草图实体共用一个圆心
中点	一条直线或一段圆弧和一个点	使点位于圆弧或者直线的中心
交叉点	两条直线和一个点	使点位于两条直线的交叉点处
重合	一条直线、一段圆弧或其他曲线和一个点	使点位于直线、圆弧或者曲线上
相等	两条或多条直线，两段或多段圆弧	使草图实体的所有尺寸参数保持相等
对称	两个点、两条直线、两个圆、椭圆或其他曲线和一条中心线	使草图实体相对于中心线保持对称
固定	任何草图实体	使草图实体的尺寸和位置保持固定，不可更改
穿透	一个基准轴、一条边线、直线或样条曲线和一个草图点	草图点与基准轴、边线、直线或曲线在草图基准面上穿透的位置重合
合并	两个草图点或端点	使两个点合并为一个点

2.3.2　添加／删除几何关系

1. 添加几何关系

【添加几何关系】命令是为已有的实体添加约束，此命令只能在草图绘制状态中使用。

生成草图实体后，单击【尺寸／几何关系】工具栏中的 ⊥ 【添加几何关系】按钮，或者选择【工具】|【几何关系】|【添加】菜单命令，弹出【添加几何关系】属性管理器，如图 2-16 所示。可以在草图实体之间，或者在草图实体与基准面、基准轴、边线、顶点之间生成几何关系。

生成几何关系时，【所选实体】中必须至少有一个是草图实体，其他的可以是草图实体或者边线、面、顶点、原点、基准面、基准轴，也可以是其他草图的曲线投影到草图基准面上所形

图 2-16　【添加几何关系】
属性管理器

成的直线或圆弧。

2. 显示 / 删除几何关系

【显示 / 删除几何关系】命令用来显示已经应用到草图实体中的几何关系，或者删除不再需要的几何关系。

单击【尺寸 / 几何关系】工具栏中的 ⅃ 【显示 / 删除几何关系】按钮，可以显示手动或自动应用到草图实体中的几何关系，也可以用来删除不再需要的几何关系，还可以通过替换列出的参考引用修正错误的草图实体。

2.3.3　实例 2-3：草绘练习 3

绘制草图并练习【添加几何关系】命令和【显示 / 删除几何关系】命令。

1）任意绘制几条直线，如图 2-17 所示。

实例 2-3

2）应用【添加几何关系】命令。可添加一条或两条直线的几何关系（注意：添加多条直线的几何关系会出现过约束），如图 2-18 和图 2-19 所示。

3）应用【显示 / 删除几何关系】命令可查看和删除现有几何关系，如图 2-20 所示。

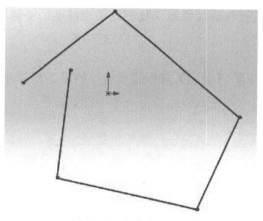

图 2-17　直线草图

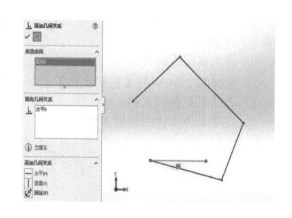

图 2-18　添加几何关系

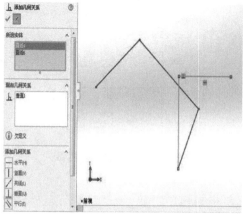

图 2-19　添加几何关系

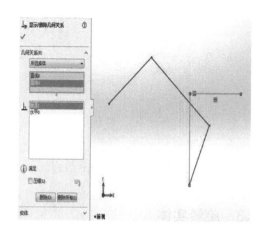

图 2-20　添加几何关系

2.4　草图的编辑

通过【移动实体】命令可进行，如图 2-21 所示的对草图的编辑。

2.4.1　移动实体

应用【移动实体】命令可将实体移动距离，或以实体上某一点为基准将实体移至已有的草图点，其操作方法如下。

1）进入草图绘制界面。

2）选择图 2-21 中的【移动实体】命令，打开 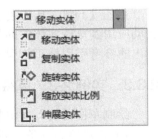 【移动】属性管理器，如图 2-22 所示。

3）选择要移动的实体。

4）设置移动参数。

图 2-21　草图编辑

2.4.2　复制实体

应用【复制实体】命令的操作过程及参数设置与移动类似，复制只是在移动后不删除原实体，其操作方法如下。

1）进入草图绘制界面。

2）选择图 2-21 中的【复制实体】命令，打开 【复制】属性管理器，如图 2-23 所示。

3）选择要复制的实体。

4）设置备份实体的位置参数。

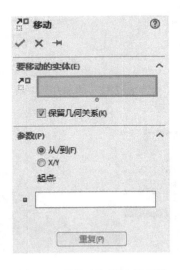

图 2-22　【移动】属性管理器

图 2-23　【复制】属性管理器

2.4.3　旋转实体

应用【旋转】命令可使实体绕旋转中心旋转一定的角度，其操作方法如下。

1）进入草图绘制界面。

2）选择图 2-21 中的【旋转实体】命令，打开 【旋转】属性管理器，如图 2-24 所示。

3）选择要旋转的实体。

4）设置旋转所需参数。

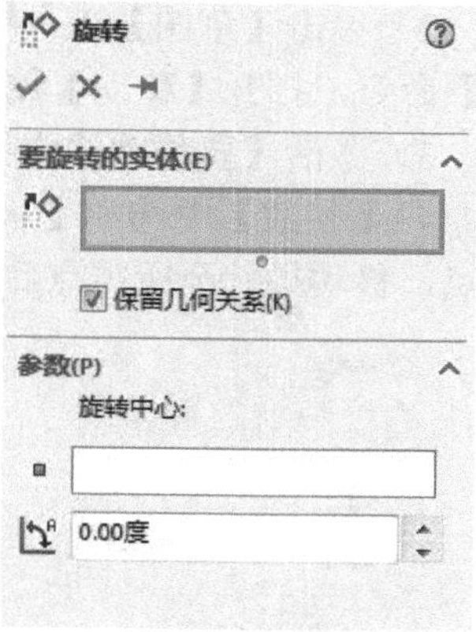

2.4.4　缩放实体比例

应用【缩放实体比例】命令可将实体放大或缩小一定的倍数，或者创建一系列尺寸成等比数列的实体，其操作方法如下。

1）进入草图绘制界面。

2）选择图 2-21 中的【缩放实体比例】命令，打开 【比例】属性管理器，如图 2-25 所示。

3）选择要缩放的实体。

4）设置缩放比例所需参数。

【比例缩放点】是缩放后位置不变的点。若不选中【复制】选项，则会删除进行缩放的原实体，只保留与原实体具有一定比例关系的缩放后的实体。

2.4.5　伸展实体

1）进入草图绘制界面。

2）选择图 2-21 中的【伸展实体】命令，打开 【伸展】属性管理器，如图 2-26 所示。

3）选择要绘制的实体。

4）设置绘制参数。

图 2-24　【旋转】属性管理器

图 2-25　【比例】属性管理器

图 2-26　【伸展】属性管理器

2.4.6　实例 2-4：草绘练习 4

绘制草图并练习对草图的编辑。

1）进入草图绘制界面，绘制一个任意矩形。

实例 2-4

2）单击【草图】工具栏的【移动实体】按钮，或选择【工具】|【草图绘制工具】|【移动】命令，打开【移动】属性管理器。

3）激活【要移动的实体】，选择组成矩形的所有边，选中【保留几何关系】选项。

4）【参数】中选中【从/到】单选项，激活【起点】项，在图形区域中单击矩形中任意一点，移动指针至所需点后单击，确定要移动到的位置。移动效果如图 2-27 所示。

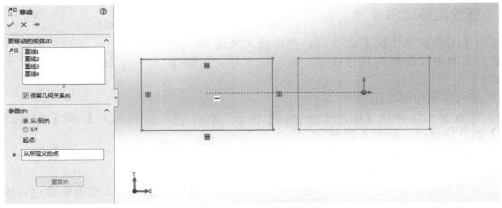

图 2-27　草图绘制界面

实例 2-5

2.5　综合实例 2-5

1）进入草图绘制状态。

2）单击【草图】工具栏中的 ⊙【圆】按钮，以草图原点为圆心，绘制两个同心圆，单击 【智能尺寸】按钮，分别修改两圆的直径为"40mm"和"70mm"，如图 2-28 所示。

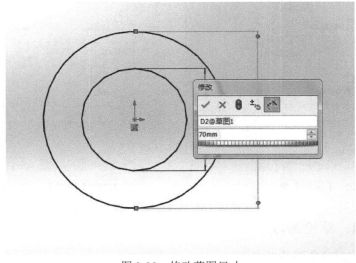

图 2-28　修改草图尺寸

3）继续在已绘图形的正上方绘制两个同心圆，分别修改直径尺寸为 20mm 和 30mm，如图 2-29 所示。

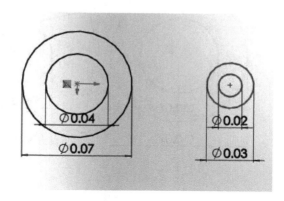

图 2-29　修改草图尺寸

4）单击【草图】工具栏中的 ╲【直线】按钮，绘制上下两个较大圆的切线。具体方法为：以一个圆上任意一点向另一个圆画切线，软件会自动向第二个圆添加相切几何关系，再手动添加第一个圆的相切几何关系，如图 2-30 所示。

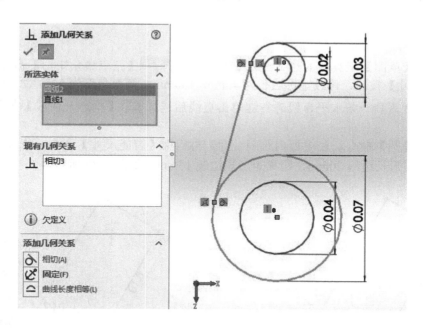

图 2-30　添加相切几何关系

5）单击 【智能尺寸】按钮，设定上下两对同心圆的圆心距离为 80mm，并添加竖直几何关系，使上下圆心竖直对齐。

6）绘制完成的图形完全定义，如图 2-31 所示。

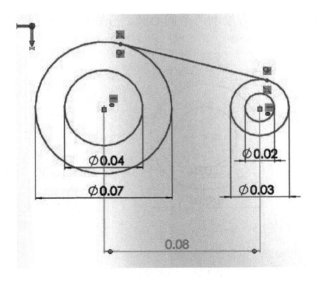

图 2-31　草图完全定义

实例 2-6

2.6　综合实例 2-6

1）进入草图绘制状态。

2）单击【草图】工具栏的　【矩形】按钮，选择　【三点边角矩形】命令绘制图形，单击【智能尺寸】按钮，修改矩形边长为 40mm、100mm，倾斜角度为 30°，如图 2-32 所示。（注：设置角度需画一条水平直线，右键单击直线后选择　【构造几何线】菜单命令设置为构造几何线。）

3）应用【圆】命令，在矩形内绘制一圆。再应用【智能尺寸】命令，修改直径尺寸为 20mm，距离矩形长边线 20mm，距离矩形短边线 15mm，如图 2-33 所示。

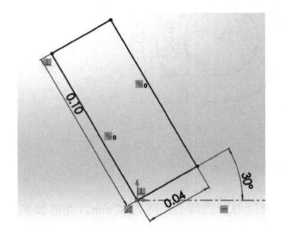

图 2-32　绘制草图

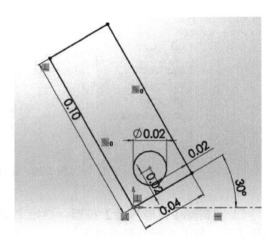

图 2-33　绘制草图

4）在此介绍并应用【线性草图阵列】命令。单击【特征】工具栏的  【线性草图阵列】按钮，如图 2-34 所示，选择阵列方向并设置间隔距离和实例数目，如图 2-35 所示。【要阵列的实体】选择已绘制的圆，如图 2-36 所示。

5）点击 ✓【确认】按钮，生成阵列特征，草图绘制完成，如图 2-37 所示。

图 2-34　【线性草图阵列】按钮

图 2-36　【要阵列的实体】选项组

图 2-35　【线性阵列】属性管理器

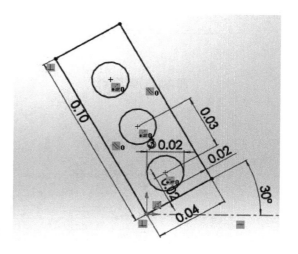

图 2-37　草图绘制完成

2.7　综合实例 2-7

1）进入草图绘制状态。

2）单击【草图】工具栏的 ◎【圆】按钮，以草图原点为圆心，绘制一大圆，在原点正上方绘制一小圆。应用【智能尺寸】命令，修改两圆直径尺寸分别为 60mm 和 10mm，两圆心的距离为 20mm，如图 2-38 所示。（注：需添加几何关系以使两圆心竖直对齐，如图 2-39 所示。）

3）在此介绍并应用【圆周草图阵列】命令。单击【特征】工具栏的 ❖【圆周草图阵列】按钮，设置路径、阵列数目、角度等参数，【要阵列的实体】选择已绘制的小圆，如图 2-40 所示。

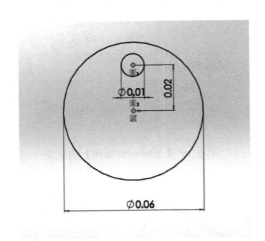

图 2-38　草图绘制

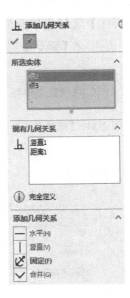

图 2-39　添加几何关系

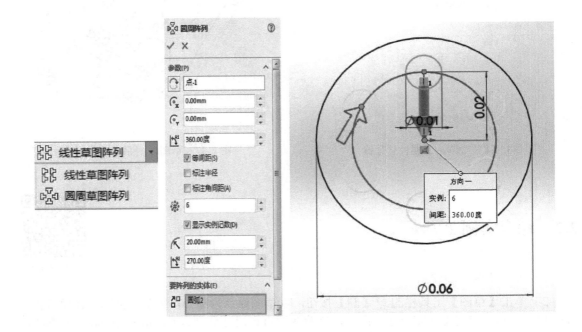

图 2-40　圆周阵列特征

4）单击 ✔【确认】按钮，生成圆周阵列，完成草图绘制，如图 2-41 所示。

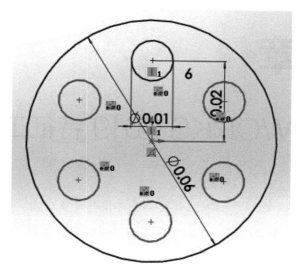

图 2-41　草图绘制完成

2.8　习题

绘制如图 2-42 所示图形并标注尺寸，练习草图绘制的基本命令。

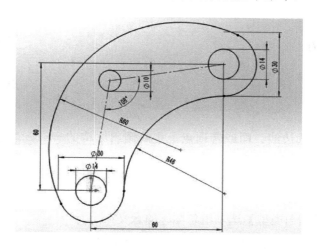

图 2-42　习题练习

第3章

SOLIDWORKS 2019 特征工具

【特征】工具栏提供生成模型特征的工具。由于特征命令繁多，所以并非所有的特征工具都被包含在默认的【特征】工具栏中。本章将介绍一些基本的特征工具。

由于本章的内容安排需要，这里首先简单介绍 SOLIDWORKS 2019 环境下生成拉伸特征的操作步骤（更详细的操作步骤见第 4 章）。

1）进入草图绘制状态后，单击【特征】工具栏中的 ⬛【拉伸凸台 / 基体】按钮，或者选择【插入】|【凸台 / 基体】|【拉伸】菜单命令，弹出【拉伸】属性管理器。

2）选择【给定深度】，设置 ⬛【深度】数值以确定拉伸距离；单击【所选轮廓】选择框后在图形区域选择草图，生成拉伸特征。

本章需要用到拉伸特征的部分均可参照这里介绍的操作步骤。

3.1 倒角与圆角

3.1.1 倒角

倒角特征是在所选边线、面或者顶点上生成倾斜结构的一种特征。

选择【插入】|【特征】|【倒角】菜单命令，弹出【倒角】属性管理器如图 3-1 所示。

下面具体介绍【倒角类型】选项组各图标的意义。

⬛【角度距离】：通过设置角度和距离来产生倒角。

⬛【距离距离】：通过设置到两个面的距离来产生倒角。

⬛【顶点】：通过设置从顶点出发的三个距离值来产生倒角。

3.1.2 圆角

圆角特征是在零件上生成内圆角面或者外圆角面的一种特征，可以在一个面的所有边线上、所选的多组面上、所选的边

图 3-1 【倒角】属性管理器

线或边线环上生成圆角。

在生成圆角时应注意如下事项。

1）应先添加较大圆角，再添加较小圆角。

2）需添加拔模特征和圆角特征的，应先添加拔模特征，再生成圆角。

3）装饰用的圆角应最后添加。应在大多数其他几何体定位完成后再尝试添加装饰圆角，添加的时间越早，系统重建零件需要花费的时间越长。

4）如果要加快零件重建的速度，应使用一次生成一个圆角的方法处理需要相同半径圆角的多条边线。

1. 圆角特征的属性设置

选择【插入】|【特征】|【圆角】菜单命令，弹出【圆角】属性管理器。在【手工】模式下，【圆角类型】选项组如图 3-2 所示。

2. 生成等半径圆角

应用【固定尺寸圆角】命令可在整个边线上生成具有相同半径的圆角。在【圆角类型】选项组单击 【固定尺寸圆角】按钮，此时【圆角】属性管理器如图 3-3 所示。

图 3-2　【圆角】属性管理器

图 3-3　【圆角】属性管理器

（1）【要圆角化的项目】选项组

【边线、面、特征和环】：在图形区域中选择要进行圆角处理的实体。

【切线延伸】：将圆角延伸到与所选面相切的面。

【完整预览】：显示所有边线的圆角预览。

【部分预览】：只显示一条边线的圆角预览。

【无预览】：所有圆角均不预览，可以缩短复杂模型的重建时间。

（2）【圆角参数】选项组

【半径】：设置圆角的半径。

【多半径圆角】：以不同的半径为不同的边线生成圆角，可以使用三个不同的半径值为边线生成圆角，但不能为具有共同边线的面或者环指定多个半径。

（3）【逆转参数】选项组

在混合曲面之间沿着模型边线生成圆角，并形成平滑的过渡。

【距离】：在顶点处设置圆角逆转距离。

【逆转顶点】：在图形区域中选择一个或者多个顶点，逆转圆角边线在所选顶点汇合。

【逆转距离】：以相应的【距离】数值列举边线数。

【设定所有】：应用当前的【距离】数值到【逆转距离】下的所有项目。

（4）【圆角选项】选项组

【通过面选择】：通过隐藏边线的面选择边线。

【保持特征】：如果应用一个大到可以覆盖特征的圆角半径，则保持切除或凸台特征可见。

【圆形角】：生成带圆形角的固定尺寸圆角。圆形角圆角在边线之间有一平滑过渡，可消除边线汇合处的尖锐接合点。

（5）【扩展方式】选项组

控制在单一闭合边线上圆角与边线汇合的方式。

【默认】：由软件自动选择【保持边线】或者【保持曲面】选项。

【保持边线】：模型边线保持不变，而圆角则进行调整。

【保持曲面】：圆角边线调整为连续的和平滑的，而模型边线更改以与圆角边线匹配。

3. 变半径

应用【可变尺寸圆角】命令可生成含可变半径值的圆角，使用控制点来帮助定义圆角。在【圆角类型】选项组单击【可变尺寸圆角】按钮，此时【圆角】属性管理器如图 3-4 所示。

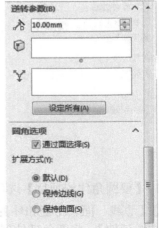

图 3-4 【圆角】属性管理器

（1）【要圆角化的项目】选项组

【边线、面、特征和环】：在图形区域中选择需要圆角处理的实体。

（2）【变半径参数】选项组

【半径】：设置圆角半径。

【附加的半径】：列举在【要圆角化的项目】选项组【边线、面、特征和环】选择框中选择的边线顶点，并列举在图形区域中选择的控制点。

【设定所有】：应用当前的【半径】到【附加的半径】下的所有项目。

【设定未指定的】：应用当前的【半径】到【附加的半径】下所有未指定半径的项目。

【实例数】：设置边线上的控制点数。

【平滑过渡】：生成圆角，当一条圆角边线接合于一个邻近面时，圆角半径从某一半径值平滑地转换为另一半径值。

【直线过渡】：生成圆角，圆角半径从某一半径值线性转换为另一半径值，但是不将切边与邻近圆角相匹配。

（3）【逆转参数】选项组

与【固定尺寸圆角】的【逆转参数】选项组相同。

（4）【圆角选项】选项组

与【固定尺寸圆角】的【圆角选项】选项组相同。

4. 面圆角

【面圆角】命令用于混合非相邻、非连续的面。在【圆角类型】选项组单击【面圆角】按钮，此时【圆角】属性管理器如图 3-5 所示。

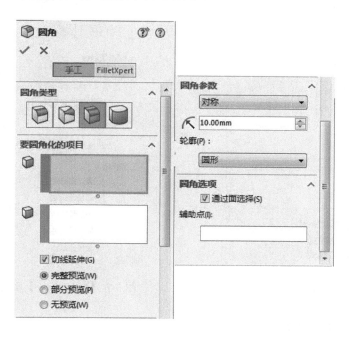

图 3-5　【圆角】属性管理器

（1）【要圆角化的项目】选项组

🔧 【半径】：设置圆角半径。

📦 【面组 1】：在图形区域中选择要混合的第一个面或者第一组面。

📦 【面组 2】：在图形区域中选择要与【面组 1】混合的面。

（2）【圆角选项】选项组

【通过面选择】：通过隐藏边线的面选择边线。

【辅助点】：在可能不清楚于何处发生面混合时解决模糊选择的问题。单击【辅助点】选择框，然后单击要插入面圆角的边线上的一个顶点。

5. 完整圆角

【完整圆角】命令用于生成相切于三个相邻面组（一个或者多个面相切）的圆角。在【圆角类型】选项组单击 📦 【完整圆角】按钮，此时【圆角】属性管理器如图 3-6 所示。

📦 【边侧面组 1】：选择第一个边侧面。

📦 【中央面组】：选择中央面。

📦 【边侧面组 2】：选择与 📦 【边侧面组 1】相反的面组。

6.【FilletXpert】模式

在【FilletXpert】模式下，可以管理、组织和重新排序圆角。

应用【添加】选项卡可生成新的等半径圆角。选择【添加】选项卡的【FilletXpert】属性管理器如图 3-7 所示。

图 3-6　【圆角】属性管理器

图 3-7　【FilletXpert】属性管理器

（1）【圆角项目】选项组

📦 【边线、面、特征和环】：在图形区域中选择需要圆角处理的实体。

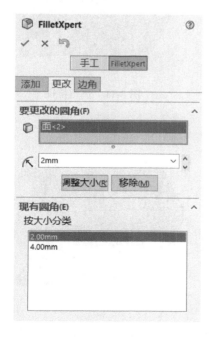【半径】：设置圆角半径。

（2）【选项】选项组

【通过面选择】：在上色或者 HLR 显示模式中应用隐藏边线的选择。

【切线延伸】：将圆角延伸到所有与所选边线相切的边线。

【完整预览】：显示所有边线的圆角预览。

【部分预览】：只显示一条边线的圆角预览。

【无预览】：所有圆角均不预览，可以缩短复杂模型的重建时间。

　　应用【更改】选项卡可删除或调整等半径圆角。选择【更改】选项卡的【FilletXpert】属性管理器如图 3-8 所示。

（1）【要更改的圆角】选项组

　　【边线、面、特征和体】：选择要调整大小或删除的圆角，可以在图形区域选择个别边线，从包含多条圆角边线的圆角特征中删除个别边线或者调整其大小。

　　【半径】：设置新的圆角半径。

【调整大小】：将所选圆角修改为设置的半径值。

【移除】：从模型中删除所选的圆角。

（2）【现有圆角】选项组

　　【按大小分类】：按照大小分类所有圆角。从【按大小分类】选择框中选择圆角大小，以选择模型中包含该值的所有圆角，同时将它们显示在　【边线、面、特征和体】选择框中。

　　应用【边角】选项卡可在三条圆角边线汇合在一个顶点的情况下，创建和管理圆角边角特征。选择【边角】选项卡的【FilletXpert】属性管理器如图 3-9 所示。

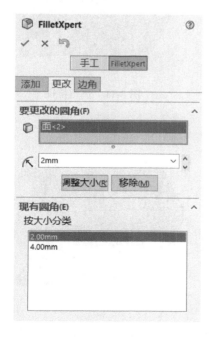

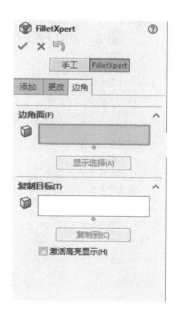

图 3-8　【FilletXpert】属性管理器　　　　　图 3-9　【FilletXpert】属性管理器

（1）【边角面】选项组

⬚【边线、面、特征和环】：在图形区域中选取圆角。

【显示选择】：以弹出式样显示交替圆角预览。

（2）【复制目标】选项组

⬚【复制目标】：选取目标圆角以复制在【边线、面、特征和环】下选取的圆角。

3.1.3 实例 3-1：倒角实例

实例 3-1

1）简单绘制草图并拉伸后，选择【插入】|【特征】|【倒角】菜单命令，弹出【倒角】属性管理器，如图 3-10 所示。在【倒角类型】选项组中选择 ⬚【角度距离】；在【要倒角化的项目】选项组中单击 ⬚【边线和面或顶点】选择框，在图形区域中选择模型的左侧边线；在【倒角参数】选项组中设置 ⬚【距离】和 ⬚【角度】；在【倒角选项】选项组中取消选择【保持特征】选项。单击 ✓【确认】按钮，生成不保持特征的倒角特征，如图 3-11 所示。

2）在【倒角参数】选项组中，选择【保持特征】选项，单击 ✓【确认】按钮，生成保持特征的倒角特征，如图 3-12 所示。

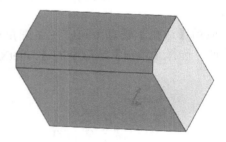

图 3-11　倒角特征

图 3-10　【倒角】属性管理器

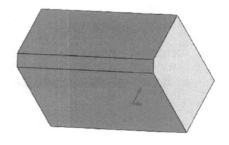

图 3-12　倒角特征

3.1.4　实例 3-2：圆角实例

1）简单绘制草图并拉伸后，选择【插入】|【特征】|【圆角】菜单命令，弹出【圆角】属性管理器。在【圆角类型】选项组中单击 【固定尺寸圆角】按钮；在【要圆角化的项目】选项组中单击 ⬜ 【边线、面、特征和环】选择框，选择模型上表面的 4 条边线，设置 ⤢ 【半径】为"10.00mm"，如图 3-13 所示。

实例 3-2

图 3-13　【圆角】属性管理器

2）单击 ✔ 【确认】按钮，生成等半径圆角特征，如图 3-14 所示。

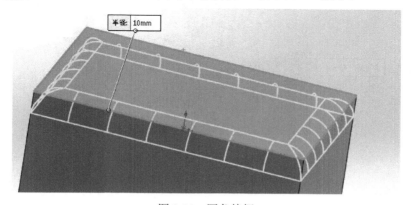

图 3-14　圆角特征

3）在【圆角类型】选项组中单击 ⬜ 【可变尺寸圆角】按钮。在【要圆角化的项目】选项组中单击 ⬜ 【边线、面、特征和环】选择框，在图形区域中选择模型正面的一条边线；在【变半径参数】选项组中，单击 🦅【附加的半径】中的"V1"，设置 🔨【半径】为 "10.00mm"，单击 🦅【附加的半径】中的"V2"，设置 🔨【半径】为"40mm"，再设置 🖧 【实例数】为"3"，如图 3-15 所示。

图 3-15 【圆角】属性管理器

4）单击 ✔【确认】按钮，生成变半径圆角特征，如图 3-16 所示。

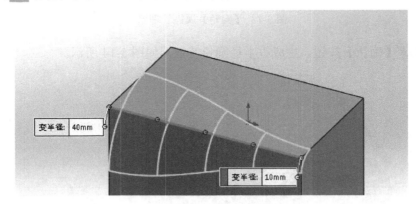

图 3-16 变半径圆角特征

3.2 加强筋与包覆

筋特征在轮廓与现有零件之间添加材料生成指定方向和厚度的延伸。可以使用单一或多个草图生成筋特征，也可以使用拔模生成筋特征，或者选择要拔模的参考轮廓。

3.2.1　加强筋

单击【特征】工具栏中的 ✎【筋】按钮，或者选择【插入】|【特征】|【筋】菜单命令，弹出【筋】属性管理器，如图 3-17 所示。

（1）【参数】选项组

1）【厚度】：在草图边缘添加筋的厚度。

▤【第一边】：只添加材料到草图的一边。

▤【两边】：均等添加材料到草图的两边。

▤【第二边】：只添加材料到草图的另一边。

2）⬆【筋厚度】：设置筋的厚度。

3）【拉伸方向】：设置筋的拉伸方向。

◈【平行于草图】：平行于草图生成筋拉伸。

◈【垂直于草图】：垂直于草图生成筋拉伸。

【反转材料方向】：更改拉伸的方向。

4）【类型】：在【拉伸方向】下单击 ◈【垂直于草图】按钮时可用）。

【线性】：生成与草图方向相垂直的筋。

【自然】：生成沿草图轮廓延伸方向的筋。

图 3-17　【筋】属性管理器

5）◢【拔模开 / 关】：添加拔模特征到筋，可以设置【拔模角度】以指定拔模度数。

（2）【所选轮廓】选项组

【所选轮廓】参数用来列举生成筋特征的草图轮廓。

3.2.2　包覆

创建包覆特征有分析和样条曲面两种方法。分析方法是将草图包覆到平面或非平面，可从圆柱、圆锥或拉伸的模型生成一平面，也可选择一平面轮廓来添加多个闭合的样条曲线草图。分析方法支持轮廓选择和草图重用，应用分析方法时草图基准面必须与面相切，从而允许面法线和草图法线在最近点处平行。样条曲面方法可以在任何面类型上包覆草图，限制是无法沿模型进行包覆。样条曲面方法也支持草图重用。

单击【特征】工具栏中的 ▣【包覆】按钮，或者选择【插入】|【特征】|【包覆】菜单命令，弹出【包覆】属性管理器，如图 3-18 所示。

（1）【包覆类型】选项组

◉【浮雕】：从模型表面向外添加材料生成一突起特征。

图 3-18　【包覆】属性管理器

【蚀雕】：从模型表面开始去除材料生成一缩进特征。

【刻划】：从模型表面刻划材料生成一草图轮廓的压印。

（2）【包覆方法】选项组

【分析】：设置草图向闭合曲面包覆。

【样条曲面】：设置草图向样条曲面包覆。

（3）【包覆参数】选项组

【草图】：选择被包覆的草图 2。

【包覆草图的面】：选择包覆草图的面 1。

【厚度】：设置包覆的厚度。可勾选【反向】单选框。

（4）【拔模方向】选项组

可根据需要设置拔模方向。

3.2.3　实例 3-3：包覆实例

实例 3-3

简单绘制草图和拉伸特征后，选择【插入】|【特征】|【包覆】菜单命令，弹出【包覆】属性管理器。在【包覆类型】选项组中单击 【浮雕】按钮；在【包覆方法】选项组中单击 【分析】按钮，在【包覆参数】选项组选择被包覆草图和包覆面，设置 【厚度】为"10.00mm"，如图 3-19、图 3-20 所示。

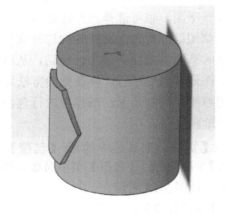

图 3-19　【包覆】属性管理器　　　　　　　　　图 3-20　包覆模型

3.3　拔模与抽壳

3.3.1　拔模

拔模特征是以指定的角度斜削模型中所选的面，使型腔零件更容易脱出模具。可以在现有的零件中插入拔模，或者在生成拉伸特征时拔模，也可以将拔模应用到实体或者曲面模型中。

1. 拔模特征的属性设置

单击【特征】工具栏中的 【拔模】按钮，或者选择【插入】|【特征】|【拔模】菜单命令，弹出【拔模】属性管理器。在【手工】模式下，可以指定拔模类型，包括中性面、分型线和阶梯拔模三种。【DraftXpert】模式与【手工】模式类似，在此不作介绍，应用实例见实例 3-9。

2. 中性面

中性面拔模是用中性面来决定生成模具的拔模方向，进而生成以特定的角度斜削所选模型的面的特征。在【拔模类型】选项组中，选择【中性面】，此时的【拔模】属性管理器如图 3-21 所示。

（1）【拔模角度】选项组

 【拔模角度】：设定拔模角度，数值为垂直于中性面进行测量的角度。

（2）【中性面】选项组

【中性面】：选择一个平面或基准面特征。单击 【反向】按钮则向相反的方向倾斜拔模。

（3）【拔模面】选项组

 【拔模面】：在图形区域中选择要拔模的面。

【拔模沿面延伸】：可以将拔模延伸到额外的面，包括如下选项。

【无】：只在所选的面上进行拔模。

【沿切面】：将拔模延伸到所有与所选面相切的面。

【所有面】：将拔模延伸到所有从中性面拉伸的面。

【内部的面】：将拔模延伸到所有从中性面拉伸的内部面。

【外部的面】：将拔模延伸到所有在中性面旁边的外部面。

3. 分型线

分型线拔模是对分型线周围的曲面进行拔模。在【拔模类型】选项组中，选择【分型线】，此时的【拔模】属性管理器如图 3-22 所示。

（1）【拔模方向】选项组

【拔模方向】：在图形区域中选择一条边线或者一个面指示拔模开始的方向。

（2）【分型线】选项组

 【分型线】：在图形区域中选择分型线。

图 3-21　【拔模】属性管理器

【拔模沿面延伸】：可以将拔模延伸到额外的面，包括如下选项。

【无】：只在所选的面上进行拔模。

【沿切面】：将拔模延伸到所有与所选面相切的面。

4. 阶梯拔模

阶梯拔模是分型线拔模的变体，阶梯拔模围绕拔模方向的基准面旋转生成一个面。在【拔模类型】选项组中，选择【阶梯拔模】，此时的【拔模】属性管理器如图 3-23 所示。

图 3-22 【拔模】属性管理器

图 3-23 【拔模】属性管理器

3.3.2 抽壳

抽壳特征可以掏空零件，使所选择的面敞开，在剩余的其他面上生成薄壁特征。如果没有选择模型上的任何面，则可以掏空实体零件，生成闭合的抽壳特征，也可以使用多个厚度来生成抽壳模型。

单击【特征】工具栏中的 【抽壳】按钮，或者选择【插入】|【特征】|【抽壳】菜单命令，弹出【抽壳】属性管理器，如图 3-24 所示。

（1）【参数】选项组

【厚度】：设置保留的所有面的厚度。

【移除的面】：在图形区域中可以选择一个或多个面。

【壳厚朝外】：增加模型的外部尺寸。

【显示预览】：显示抽壳特征的预览。

（2）【多厚度设定】选项组

【多厚度面】：在图形区域中选择一个面，为所选面设置不同于【参数】选项组【厚度】的 【多厚度】数值。

3.3.3　实例 3-4：拔模实例

实例 3-4

1）简单绘制草图并拉伸生成如图 3-26 所示五棱柱。选择【插入】|【特征】|【拔模】菜单命令，弹出【拔模】属性管理器如图 3-25 所示。

图 3-24　【抽壳】属性管理器　　　　　　图 3-25　【拔模】属性管理器

2）在【拔模类型】选项组中，选择【中性面】；在【拔模角度】选项组中，设置 【拔模角度】为"15.00 度"；在【中性面】选项组中，单击【中性面】选择框，选择如图 3-26 所示模型的上表面。

3）在【拔模面】选项组中，单击 【拔模面】选择框，选择模型外表面中的 5 个侧面，如图 3-25、图 3-26 所示。

4）单击 【确认】按钮，生成拔模特征，如图 3-27 所示。

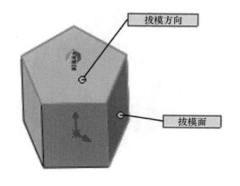

图 3-26　拔模特征预览

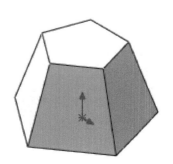

图 3-27　拔模特征

3.3.4 实例 3-5：抽壳实例

实例 3-5

1）简单绘制草图拉伸后，选择【插入】|【特征】|【抽壳】菜单命令，弹出【抽壳】属性管理器。在【参数】选项组中，设置 ⬚ 【厚度】为"10.00mm"，单击 ⬚ 【移除的面】选择框，在图形区域中选择模型的上表面，如图 3-28 所示。

2）单击 ✔ 【确认】按钮，生成抽壳特征，如图 3-29 所示。

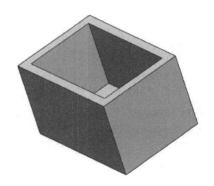

图 3-28 【抽壳】属性管理器

图 3-29 抽壳特征

3）在【多厚度设定】选项组中单击 ⬚ 【多厚度面】选择框，选择模型的前表面和左侧面两个面，分别设置 ⬚ 【多厚度】为"20.00mm"，如图 3-30 所示。

4）单击 ✔ 【确认】按钮，生成多厚度抽壳特征，如图 3-31 所示。

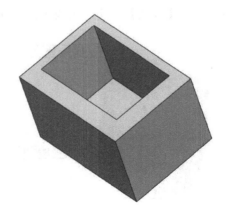

图 3-30 【抽壳】属性管理器

图 3-31 抽壳特征

3.4　圆顶与压凹

3.4.1　圆顶

圆顶特征可以在同一模型上同时生成一个或者多个圆顶。

单击【特征】工具栏中的 🔵【圆顶】按钮，或者选择【插入】|【特征】|【圆顶】菜单命令，弹出【圆顶】属性管理器，如图 3-32 所示。

🔲【到圆顶的面】：选择一个或多个平面或非平面。

【距离】：设置圆顶扩展的距离。

↗【反向】：单击该按钮，可以生成凹陷圆顶（默认为凸起）。

📷【约束点或草图】：选择一个点或者草图，通过对其形状进行约束以控制圆顶。

↗【方向】：从图形区域选择方向向量以垂直于面以外的方向拉伸圆顶，可以使用线性边线或者由两个草图点所生成的向量作为方向向量。

图 3-32　【圆顶】属性管理器

3.4.2　压凹

压凹特征是通过设置厚度和间隙数值来生成的，其应用包括封装、冲印、铸模及机器的压入配合等。根据所选实体类型（实体或曲面），指定目标实体和工具实体之间的间隙数值，并为压凹特征指定厚度数值。

单击【特征】工具栏中 🔲【压凹】按钮，或者选择【插入】|【特征】|【压凹】菜单命令，弹出【压凹】属性管理器，如图 3-33 所示。

（1）【选择】选项组

🔲【目标实体】：选择要压凹的实体或曲面实体。

🔲【工具实体区域】：选择一个或者多个实体或曲面实体。

【保留选择】、【移除选择】：选择要保留或者移除的模型边界。

【切除】：勾选此选项，则移除目标实体的交叉区域。

（2）【参数】选项组

🔧【厚度】（仅限实体）：确定压凹特征的厚度。

【间隙】：设置目标实体和工具实体之间的间隙。

3.4.3　实例 3-6：圆顶实例

简单绘制草图并拉伸生成四棱柱。选择【插入】|【特征】|【圆顶】菜单命令，弹出【圆顶】属性

实例 3-6

图 3-33　【压凹】属性管理器

管理器。在【参数】选项组中，单击 【到圆顶的面】选择框，在图形区域中选择模型的上表面，设置【距离】为"50.00mm"，单击 ✅【确认】按钮，生成圆顶特征，如图 3-34 所示。

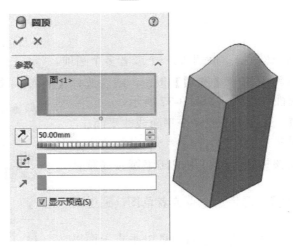

图 3-34 【圆顶】属性管理器及生成的圆顶特征

3.4.4 实例 3-7：压凹实例

1）简单绘制草图拉伸后，选择【插入】|【特征】|【压凹】菜单命令，弹出【压凹】属性管理器。

2）在【选择】选项组中，单击 🎁【目标实体】选择框，在图形区域中选择模型实体，单击 🎁【工具实体区域】选择框，选择实体模型上表面的拉伸特征的下表面，勾选【切除】选项。

实例 3-7

3）在【参数】选项组中，设置 🔧【厚度】为"10.00mm"，如图 3-35 所示。

4）在图形区域中显示出预览，单击 ✅【确认】按钮，生成压凹特征，如图 3-36 所示。

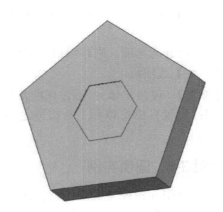

图 3-35 【压凹】属性管理器　　　　　图 3-36 压凹特征

3.5 异型孔向导

3.5.1 异型孔向导

异型孔向导用于在实体上创建特殊孔并且定义孔的尺寸和孔在平面上的位置。应用它可以一步步创建简单直孔、锥孔、柱孔和螺纹孔。

单击【特征】工具栏中的 ⚙ 【异型孔向导】按钮，或者选择【插入】|【特征】|【异型孔】|【向导】菜单命令，弹出【异型孔向导】属性管理器，如图 3-37 所示。

图 3-37 【异型孔向导】属性管理器

（1）【孔类型】选项组

【孔类型】：选择所要形成孔的类型。

🔘 【柱形沉头孔】：孔的类型选择为柱形沉头孔。

🔘 【锥形沉头孔】：孔的类型选择为锥形沉头孔。

🔘 【孔】：孔的类型选择为孔。

🔘 【直螺纹孔】：孔的类型选择为直螺纹孔。

【锥形螺纹孔】：孔的类型选择为锥形螺纹孔。

【旧制孔】：孔的类型选择为旧制孔（在 SOLIDWORKS 2000 版本之前创建的孔）。

【柱形沉头孔槽口】：孔的类型选择为柱形沉头孔槽口。

【锥形沉头孔槽口】：孔的类型选择为锥形沉头孔槽口。

【槽口】：孔的类型选择为槽口。

【标准】：可以选择【ANSI Inch】【ANSI Metric】【GB】等标准。

【类型】：可以选择【平头螺钉 100】【平头螺钉 82】【椭圆头】【锥孔凸头盖螺钉】等类型。

（2）【孔规格】选项组

【大小】：可以根据需要的孔的尺寸选择适合的型号。

【配合】：可以根据需要的松紧程度选择【紧密】【正常】或【松弛】。

可以根据需要设置 【槽宽度】等（【孔类型】选择为【柱形沉头孔槽口】【锥形沉头孔槽口】或【槽口】时）。

（3）【终止条件】选项组

根据条件和孔类型设置其他的终止条件选项。

3.5.2　实例 3-8：异型孔向导实例

实例 3-8

1）简单绘制草图并拉伸后生成图 3-38 所示实体模型。选择【插入】|【特征】|【异型孔】|【向导】菜单命令，弹出【异型孔向导】属性管理器。

2）在【孔类型】选项组中，选择 【柱形沉头孔】，【标准】选为【ANSI Metric】，【类型】选为【六角盖螺钉 -ANSI B18.2.3.1M】；在【孔规格】选项组中，【大小】选为【M8】；在【终止条件】选项组中，选择【完全贯穿】；其余选项为默认即可，如图 3-38、图 3-39 所示。

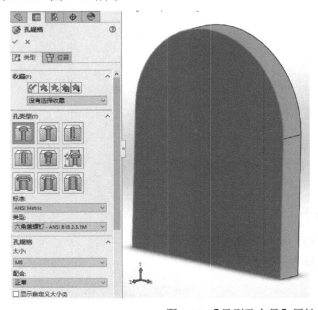

图 3-38　【异型孔向导】属性管理器

图 3-39　异型孔特征

3.6　综合实例 3-9

实例 3-9

1）绘制零件草图如图 3-40 所示。

2）拉伸 25mm 形成零件的第一个特征，如图 3-41 所示。

3）选择【插入】|【特征】|【拔模】菜单命令，弹出【拔模】属性管理器，设置【中性面】为前视基准面，给外表添加 1°的拔模角度如图 3-42 所示。

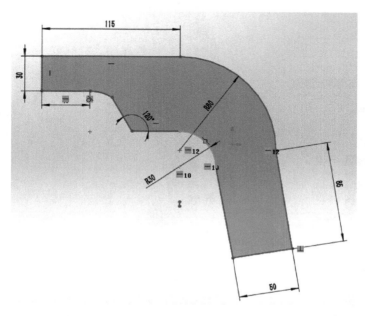

图 3-40　草图

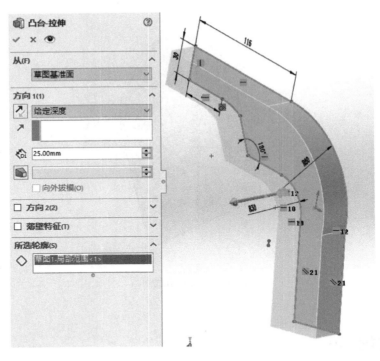

图 3-41 凸台拉伸特征

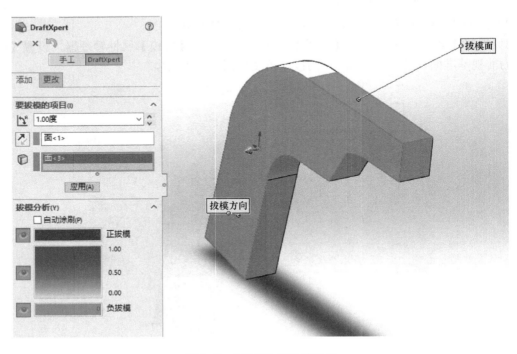

图 3-42 【拔模】属性管理器

4）选择【插入】|【特征】|【圆角】菜单命令，弹出【圆角】属性管理器，依次创建

R16mm 和 R11mm 的圆角特征，其余选项为默认即可，如图 3-43 和图 3-44 所示。

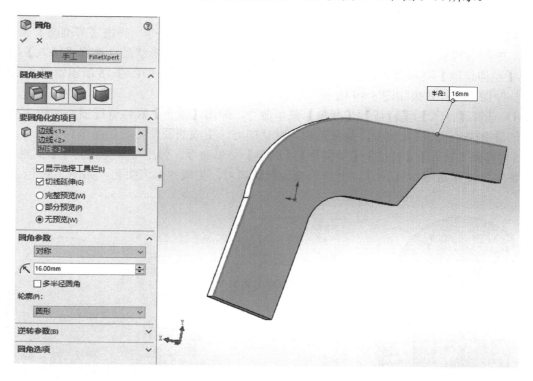

图 3-43　【圆角】属性管理器

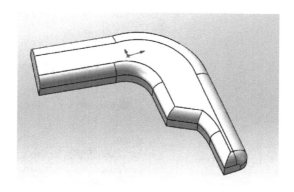

图 3-44　生成的特征

3.7　综合实例 3-10

实例 3-10

本例设计一移动轮支架模型。

1）绘制如图 3-45 所示草图并适当拉伸，生成的拉伸特征如图 3-46 所示。

2）选择【插入】|【特征】|【抽壳】菜单命令，弹出【抽壳】属性管理器，选择如图 3-46 所示的前视图的面，生成抽壳特征后的效果如图 3-47 所示。

3）设置基准面。选择【插入】|【特征】|【基准面】菜单命令，弹出【基准面】属性管理器，选择右视基准面作为参考。在参考面绘制如图 3-48 所示形状后，选择【插入】|【特征】|【拉伸切除】菜单命令，弹出【切除 - 拉伸】属性管理器。如图 3-48 所示设置参数后，生成拉伸切除特征效果如图 3-49 所示。

4）选择【插入】|【特征】|【圆角】菜单命令，弹出【圆角】属性管理器，如图 3-49 所示。创建 R10mm 的圆角特征，其余选项为默认即可，生成的圆角特征如图 3-50 所示。

5）选择【插入】|【特征】|【异型孔】|【向导】菜单命令，弹出【异型孔向导】属性管理器，各部分设置如图 3-51 所示，其余选项为默认即可，生成柱形沉头孔，如图 3-51 所示。

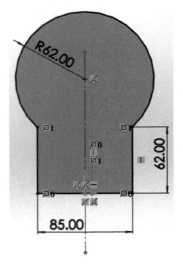

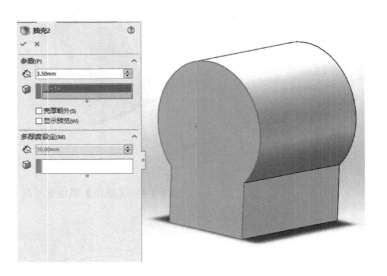

图 3-45　草图　　　　　　　　　　　　　　　图 3-46　【抽壳】属性管理器

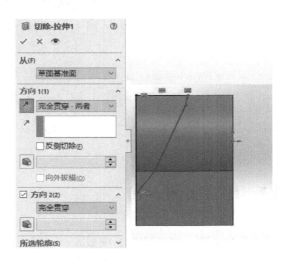

图 3-47　抽壳特征　　　　　　　　　　　　　图 3-48　基准面上绘制草图

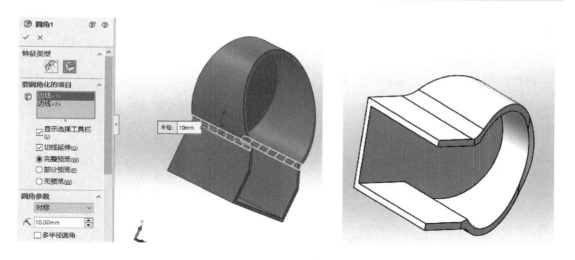

图 3-49 【圆角】属性管理器　　　　　　　　图 3-50　圆角特征

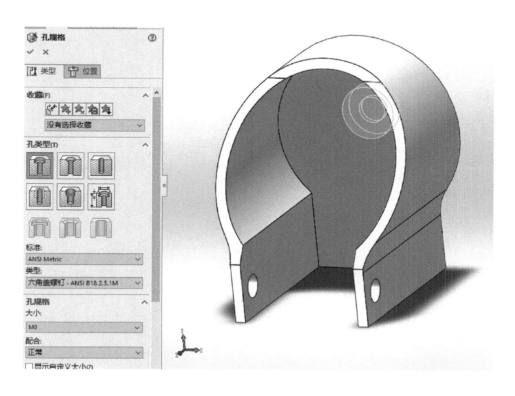

图 3-51 【异型孔向导】属性管理器及特征

3.8　习题

创建如图 3-52 所示的圆锥销模型。

图 3-52　圆锥销

第❹章

SOLIDWORKS 2019 零件基体建模

三维建模是 SOLIDWORKS 软件三大功能之一。另两大功能分别是装配体设计和工程图设计，将在第 7 章和第 8 章介绍。三维建模命令分为两大类，第一类是需要草图才能建立的特征；第二类是在现有特征的基础上进行编辑的特征。本章将讲解基于草图的三维建模命令。

4.1 拉伸特征

拉伸特征是线性凸出草图以将材料添加到一零件（在基体或凸台里）或从零件上移除材料（在切除或孔里）的特征。

4.1.1 拉伸凸台

1. 拉伸凸台 / 特征的属性设置

单击【特征】工具栏中的◉【拉伸凸台 / 基体】按钮，或者选择【插入】|【凸台 / 基体】|【拉伸】菜单命令，弹出【凸台 - 拉伸】属性管理器，如图 4-1 所示。

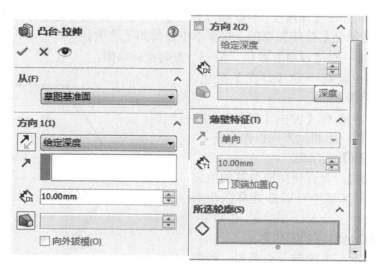

图 4-1 【凸台 - 拉伸】属性管理器

（1）【从】选项组

用来设置拉伸特征的开始条件，其下拉菜单中包括如下选项。

【草图基准面】：从草图所在的基准面开始拉伸。

【曲面 / 面 / 基准面】：从这些实体之一开始拉伸。

【顶点】：从选择的顶点处开始拉伸。

【等距】：从与当前草图基础面等距的基准面上开始拉伸，等距距离可以手动输入。

（2）【方向 1】选项组

1）【终止条件】：决定特征延伸的方式，设置拉伸特征的终止条件，其下拉菜单包含的选项如图 4-2 所示。单击 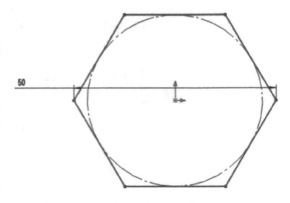【反向】按钮，可以沿预览中所示的相反方向生成拉伸特征。【终止条件】下拉菜单中各选项的意义如下。

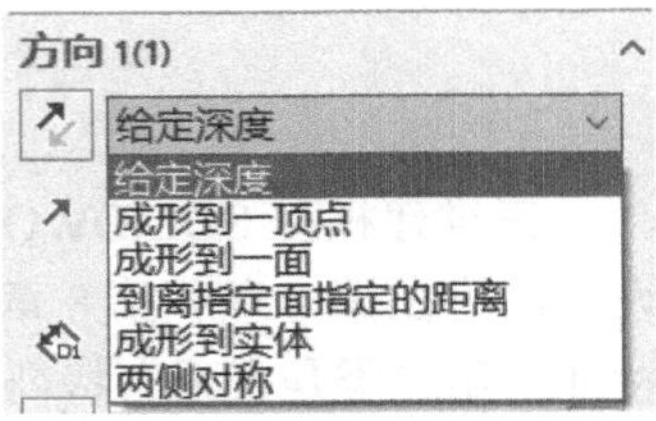

【给定深度】：设置给定的 【深度】数值以终止拉伸。

【成形到一顶点】：拉伸到在图形区域中选择的顶点处。

【成形到一面】：拉伸到图形区域中选择的面。

【到离指定面指定的距离】：在图形区域图中选择的一个面

图 4-2 【终止条件】下拉菜单

或基准面，设置 【等距距离】数值后拉伸到距所选择的面该设置的距离处。

【成形到实体】：拉伸到在图形区域中所选择的实体或曲面实体处。

【两侧对称】：设置 【深度】数值，在所在平面的两侧对称地以设置的距离生成拉伸特征。

2） 【拉伸方向】：在图形区域中选择方向向量，并以垂直于草图轮廓的方向拉伸草图。

3） 【拔模开 / 关】：可以设置【拔模角度】数值。如果有必要，勾选【向外拔模】选项。

（3）【方向 2】选项组

用来设置同时从草图基准面向两个方向拉伸的相关参数，各选项和【方向 1】选项组基本相同。

（4）【薄壁特征】选项组

用来设置拉伸的 【厚度】（不是 【深度】）数值。薄壁特征基体可用作钣金零件的基础。定义【薄壁特征】拉伸类型的下拉菜单中包括如下选项。

【单向】：以同一 【厚度】数值，沿一个方向拉伸草图。

【两侧对称】：以同一 【厚度】数值，沿相反方向拉伸草图。

【双向】：以不同 【方向 1 厚度】、 【方向 2 厚度】数值，沿相反方向拉伸草图。

（5）【所选轮廓】选项组

 【所选轮廓】：允许使用部分草图生成拉伸特征，在图形区域中可以选择草图轮廓和模型边线。

2. 生成拉伸凸台特征的操作方法

1）在前视基准面上绘制一个草图，如图 4-3 所示。

图 4-3 绘制草图

2）单击【特征】工具栏中的  【拉伸凸台 / 基体】按钮，或者选择【插入】|【凸台 /
基体】|【拉伸】菜单命令，弹出【凸台 - 拉伸】属性管理器。在【从】选项组，选择【草图
基准面】；在【方向 1】选项组中，选择【给定深度】，设置【深度】为 "10.00mm"，【拔模
角度】为 "20.00 度"；【方向 2】选项组使用相同的设置，如图 4-4 所示。

3）单击 ✔【确认】按钮，生成拉伸特征，如图 4-5 所示。

图 4-4　【凸台 - 拉伸】属性管理器

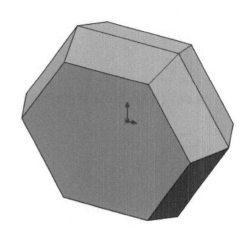

图 4-5　生成拉伸特征

4.1.2　拉伸切除

1. 拉伸切除特征的属性设置

单击【特征】工具栏中的 【拉伸切除】按钮，或者选择【插入】|【切除】|【拉伸】
菜单命令，弹出【切除 - 拉伸】属性管理器，如图 4-6 所示。

【切除 - 拉伸】属性管理器的选项与【凸台 - 拉伸】属性管理器基本相同。不同的地方
是在【方向 1】选项组中多了【反侧切除】选项。

【反侧切除】（仅限于拉伸的切除）：移除轮廓外的所有部分，如图 4-7 所示。而默认设
置是从轮廓内部移除，如图 4-8 所示。

2. 生成拉伸切除特征的操作方法

1）在实体的一个面上绘制草图，如图 4-9 所示。

2）单击【特征】工具栏中的 【拉伸切除】按钮，或者选择【插入】|【切除】|【拉
伸】菜单命令，弹出【切除 - 拉伸】属性管理器，根据需要设置选项和参数，如图 4-10
所示。

图 4-6 【切除 - 拉伸】属性管理器

图 4-7 反侧切除

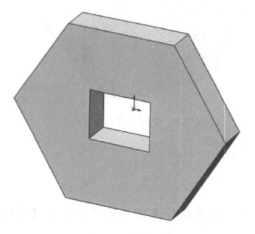

图 4-8 默认切除

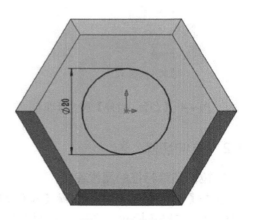

图 4-9 绘制草图

3）单击 ✔【确认】按钮，生成拉伸切除特征，如图 4-11 所示。

4.1.3 实例 4-1：拉伸特征实例——键

实例 4-1

键是机械产品中经常用到的零件，作为一种配合结构被广泛用于各种机械中。本例要建立的键的模型如图 4-12 所示。

1）进入草图绘制状态。在【特征管理器设计树】中单击【前视基准面】图标，使前视基准面成为草图绘制平面。单击【草图】工具栏上的 □【矩形】按钮，绘制键草图的矩形轮廓，如图 4-13 所示。

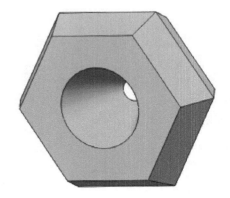

图 4-10　【切除 - 拉伸】属性管理器　　　　　图 4-11　生成拉伸切除特征

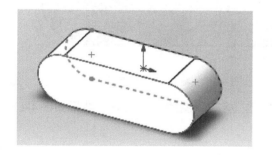

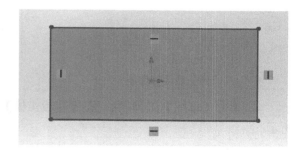

图 4-12　键的模型　　　　　　　　　图 4-13　绘制键的矩形轮廓

2）单击【草图】工具栏上的 ✐【智能尺寸】按钮，标注草图矩形轮廓的尺寸，如图 4-14 所示。

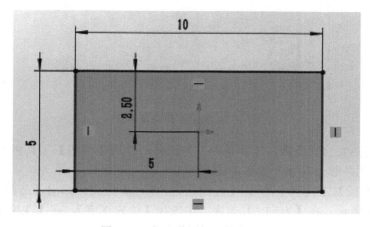

图 4-14　标注草图矩形轮廓尺寸

3）单击【草图】工具栏的 ⊙【圆】按钮，捕捉草图矩形短边中点，以该边线中点为圆心画圆，弹出【圆】属性管理器，在【参数】下的【半径】输入框中输入圆的半径为"2.50"，如图 4-15 所示，单击 ✓【确认】按钮，结果如图 4-16 所示。

图 4-15　【圆】属性管理器

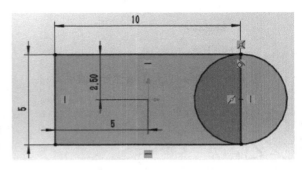

图 4-16　输入半径生成圆

4）单击【草图】工具栏的 ﹢【剪裁实体】按钮，剪裁草图的多余部分，结果如图4-17所示。

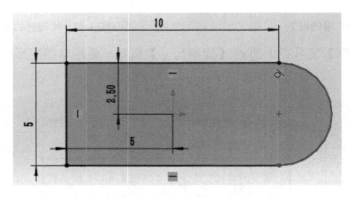

图 4-17　剪裁草图多余部分

5）重复上述 3）、4）步骤，绘制草图左侧部分，并用【草图】工具栏上的 ﹡【智能尺寸】按钮标注草图各部分尺寸，如图 4-18 所示。

6）单击【特征】工具栏中的 ﹡【拉伸凸台 / 基体】按钮，弹出【凸台 - 拉伸】属性管理器，如图 4-19 所示。在【方向 1】选项组中选择【给定深度】，在【深度】输入框中输入"5mm"，单击 ✓【确认】按钮，生成的键实体模型如图 4-12 所示。

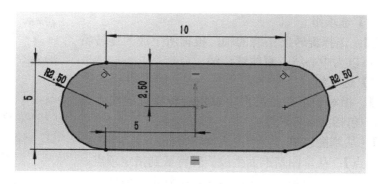

图 4-18　草图绘制和尺寸标注完成

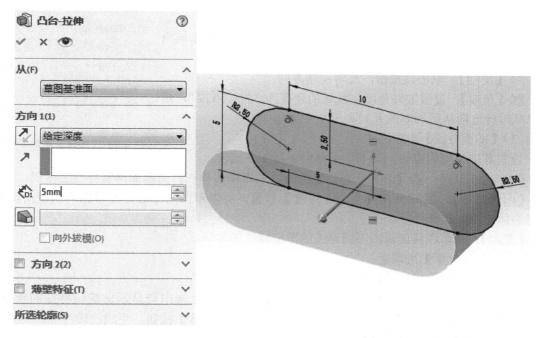

图 4-19　【凸台 - 拉伸】属性管理器及图形区域

4.2　旋转特征

旋转特征是通过绕中心线旋转一个或多个草图轮廓来生成基体、凸台、旋转切除或旋转曲面的特征。

4.2.1　旋转凸台

1. 旋转凸台特征的属性设置

单击【特征】工具栏中的 ☜【旋转凸台 / 基体】按钮，或者选择【插入】|【凸台 / 基体】|【旋转】菜单命令，弹出【旋转】属性管理器，如图 4-20 所示。

（1）【旋转轴】选项组

✎ 【旋转轴】：选择旋转所围绕的轴，根据所生成的旋转特征的类型，此轴可以为中心线、直线或边线。

（2）【方向 1】选项组

【终止条件】：相对于草图基准面中设定旋转特征的终止条件，其下拉菜单中包括如下各选项。

【给定深度】：从草图以单一方向生成旋转特征。

【成形到一顶点】：从草图基准面生成旋转特征到指定顶点。

【成形到一面】：从草图基准面生成旋转特征到指定曲面。

【到离指定面指定的距离】：从草图基准面生成旋转特征到距离指定曲面指定等距处。

【两侧对称】：从草图基准面沿顺时针和逆时针方向以相同角度生成旋转特征。

⟳ 【反向】：单击该按钮，反转旋转方向。

 【角度】：设置旋转角度，默认的角度为"360.00 度"，角度以顺时针方向从所选草图开始测量。

（3）【薄壁特征】选项组

图 4-20 【旋转】属性管理器

设置薄壁厚度的方向，其下拉菜单中包括如下选项。

【单向】：以同一 ⟲ 【方向 1 厚度】数值，从草图沿单一方向添加薄壁特征的体积。

【两侧对称】：以同一 ⟲ 【方向 1 厚度】数值，并以草图为中心，在草图两侧使用均等厚度的体积添加薄壁特征。

【双向】：在草图两侧添加不同厚度的薄壁特征的体积。

（4）【所选轮廓】选项组

当使用多轮廓生成旋转特征时使用此选项。

用指针 ◥ 在图形区域中选择适当轮廓，此时在图形区域中会显示出旋转特征的预览，可以选择任何轮廓生成单一或者多实体零件，单击 ✔ 【确认】按钮，生成旋转特征。

2. 生成旋转凸台特征的操作方法

1）在前视基准面上绘制草图。包含一个轮廓及一条中心线的草图，如图 4-21 所示。

2）单击【特征】工具栏中的 ⚙ 【旋转凸台 / 基体】按钮，或者选择【插入】|【凸台 / 基体】|【旋转】菜单命令，弹出【旋转】属性管理器。【旋转轴】选为草图中的中心线，其他选项保持默认即可，如图 4-22 所示。

3）单击 ✔ 【确定】按钮，生成旋转特征。结果如图 4-23 所示。

4.2.2 旋转切除

1）在前视基准面上绘制草图。包含一个轮廓及一条中心线的草图如图 4-24 所示。

2）单击【特征】工具栏中的 ⚙ 【旋转切除】按钮，或者选择【插入】|【切除】|【旋转】菜单命令，弹出【切除 - 旋转】属性管理器。【旋转轴】选为草图中的中心线，其他选项保持默认即可，如图 4-25 所示。

3）单击 ✔ 【确认】按钮，生成旋转切除特征。结果如图 4-26 所示。

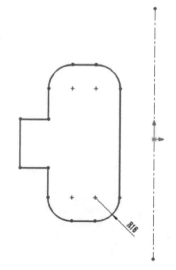

图 4-21　绘制草图

图 4-22　【旋转】属性管理器

图 4-23　生成旋转凸台特征

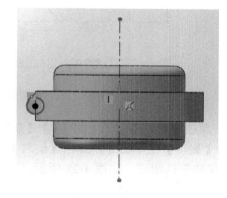

图 4-24　绘制草图

图 4-25　【切除 - 旋转】属性管理器

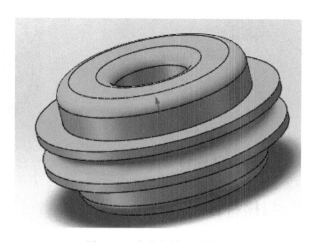

图 4-26　生成旋转切除特征

4.2.3 实例 4-2：旋转特征实例

1）在前视基准面上绘制草图，包含一个轮廓及一条中心线的草图，如图 4-27 所示。

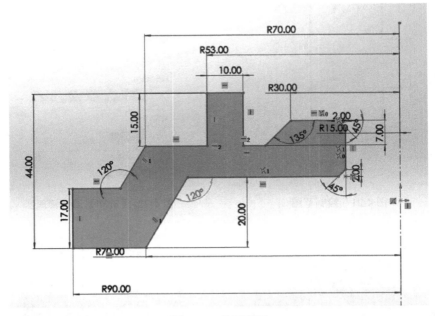

图 4-27　绘制草图

2）单击【特征】工具栏中的 【旋转凸台 / 基体】按钮，或者选择【插入】|【凸台 / 基体】|【旋转】菜单命令，弹出【旋转】属性管理器。【旋转轴】选为草图中的中心线，其他选项保持默认即可，如图 4-28 所示。

3）单击 【确认】按钮，结果如图 4-29 所示。

图 4-28　【旋转】属性管理器

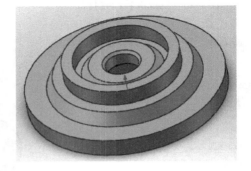

图 4-29　生成旋转特征

4.3　扫描特征

扫描特征是通过沿着一条路径移动一个轮廓来生成基体、凸台、切除或曲面的一种特征。

4.3.1　扫描凸台

1. 扫描凸台特征的属性设置

单击【特征】工具栏中的 ✍【扫描】按钮，或者选择【插入】|【凸台 / 基体】|【扫描】菜单命令，弹出【扫描】属性管理器，如图 4-30 所示。

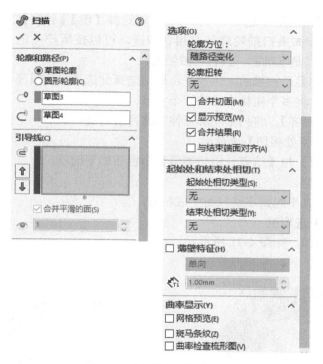

图 4-30　【扫描】属性管理器

（1）【轮廓和路径】选项组

🌀【轮廓】：设置用来生成扫描的草图轮廓。

🌀【路径】：设置轮廓扫描的路径。

（2）【引导线】选项组

✍【引导线】：在轮廓沿路径扫描时加以引导以生成特征。

⬆【上移】和 ⬇【下移】：调整引导线的顺序。

【合并平滑的面】：改进有引导线的扫描的性能，并在引导线或者路径不是曲率连续的所有点处分割扫描。

👁【显示截面】：显示扫描的截面。

（3）【选项】选项组

1）【轮廓方位】：控制【轮廓】在沿【路径】扫描时的方向，包括如下选项。

【随路径变化】：轮廓相对于路径时刻保持同一角度。当路径上出现少许波动或不均匀波动使轮廓不能对齐时，可以将轮廓稳定下来。

【保持法向不变】：使轮廓总是与起始轮廓保持平行。

2）【轮廓扭转】：沿路径扭转轮廓。可以按照度数、弧度或者旋转圈数定义扭转，包括如下选项。

【随路径和第一引导线变化】：中间轮廓的扭转由路径到第一条引导线的向量决定，在所有中间轮廓的草图基准面中，该向量与水平方向之间的角度保持不变。

【随第一和第二引导线变化】：中间轮廓的扭转由第一条引导线到第二条引导线的向量决定。

【指定扭转角度】：沿路径定义轮廓扭转，可以选择【度】【弧度】或【圈数】。

3）【合并切面】：如果扫描轮廓具有相切线段，可以使所产生的扫描中的相应曲面相切，保持相切的面可以是基准面、圆柱面或锥面。

4）【显示预览】：显示扫描的上色预览；取消选择此选项，则只显示轮廓和路径。

5）【合并结果】：将多个实体合并成一个实体。

6）【与结束端面对齐】：将扫描轮廓延伸到路径所遇到的最后一个面。

（4）【起始处 / 结束处相切】选项组

【起始处相切类型】与【结束处相切类型】均包括如下选项。

【无】：不应用相切。

【路径相切】：垂直于起始点路径而生成扫描。

（5）【薄壁特征】选项组

生成薄壁特征扫描，如图 4-31 所示。

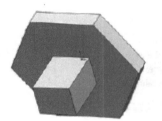使用实体特征扫描　　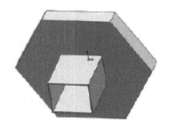使用薄壁特征扫描

图 4-31　扫描特征

【类型】：设置薄壁特征扫描的类型。

【单向】：设置同一 【厚度】数值，以单一方向从轮廓生成薄壁特征。

【两侧对称】：设置同一 【厚度】数值，以两个方向从轮廓生成薄壁特征。

【双向】：设置不同的【厚度1】【厚度2】数值，以相反的两个方向从轮廓生成薄壁特征。

2. 生成扫描特征的操作方法

1）按图 4-33 所示样式分别在两个不同的基准面上绘制好草图 1 和草图 2 后，选择【插入】|【凸台 / 基体】|【扫描】菜单命令，弹出【扫描】属性管理器，如图 4-32 所示。在【轮廓和路径】选项组中，单击【轮廓】选择框，在图形区域中选择草图 2，单击【路径】选择框，在图形区域中选择草图 1，如图 4-33 所示。

2）在【选项】选项组中，设置【轮廓方位】为【随路径变化】，【轮廓扭转】为【无】，单击 ✔【确认】按钮，生成扫描特征，如图 4-34 所示。

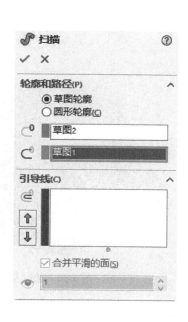

图 4-32 【扫描】属性管理器

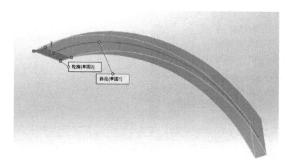

图 4-33 扫描特征预览

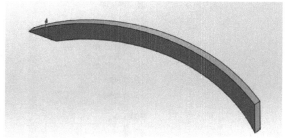

图 4-34 生成扫描特征

4.3.2 扫描切除

单击【特征】工具栏中的 🖉【扫描切除】按钮，或者选择【插入】|【切除】|【扫描】菜单命令，弹出【切除 - 扫描】属性管理器，如图 4-35 所示。扫描切除特征的属性设置与扫描凸台特征基本一致。

可按如下操作方法生成扫描切除特征。

1）在一实体上绘制轮廓草图和路径草图，如图 4-36 所示，这里它们分别是正方体一个面上的一个圆和一条从一条棱到另一条棱的曲线。

2）单击【特征】工具栏中的 🖮【扫描切除】按钮，或者选择【插入】|【切除】|【扫描】菜单命令，弹出【切除 - 扫描】属性管理器，根据需要设置参数，如图 4-37 所示。

3）单击 ✅【确认】按钮，生成扫描切除特征，如图 4-38 所示。

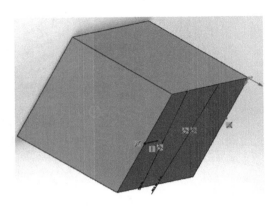

图 4-35 【切除 - 扫描】属性管理器 图 4-36 绘制草图

图 4-37 【切除 - 扫描】属性管理器

4.3.3 实例 4-3：扫描特征实例

应用扫描特征生成如图 4-39 所示弹簧。

实例 4-3

1）进入草图绘制状态。

2）绘制圆。选择前视基准面，点击【草图】工具栏上的 ◉【圆】按钮，以原点为圆心，绘制一个直径为 60mm 的圆，如图 4-40 所示。

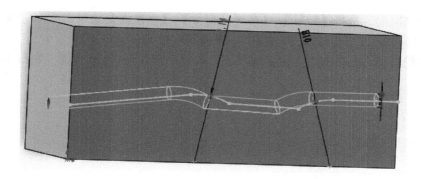

图 4-38　生成扫描切除特征

图 4-39　弹簧

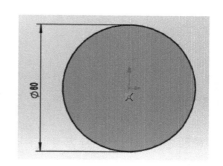

图 4-40　螺旋线基准圆

3）生成螺旋线。选择【特征】|【曲线】|【螺旋线 / 涡状线】菜单命令，弹出【螺旋线 / 涡状线】属性管理器。在【参数】选项组中设置【螺距】为"7.00mm"，【圈数】为"10"，【起始角度】为"0.00 度"，选择【顺时针】。单击 ✔ 【确认】按钮，生成螺旋线，如图 4-41 所示。

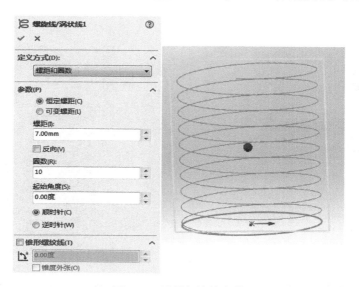

图 4-41　设置螺旋线参数

4）选择基准面。选择【特征】|【参考几何体】|【基准面】菜单命令，选择螺旋线和原点作为参考几何体，生成基准面 1，如图 4-42 和图 4-43 所示。

5）绘制轮廓圆。在基准面 1 上新建草图，画一个直径为 3mm 的圆，如图 4-43 所示。

图 4-42　设置参考面

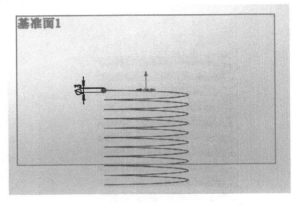

图 4-43　绘制轮廓圆

6）扫描螺旋线。单击【特征】工具栏上的 【扫描】按钮，弹出【扫描】属性管理器，选择基准面 1 上草绘的圆为轮廓，螺旋线为路径，如图 4-44 所示。

7）单击 ✓【确认】按钮，生成扫描弹簧如图 4-45 所示。

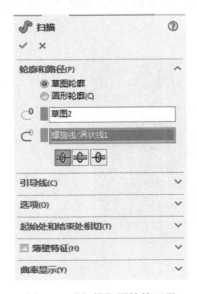

图 4-44　【扫描】属性管理器

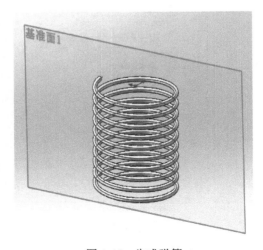

图 4-45　生成弹簧

4.4　放样特征

放样特征通过在轮廓之间进行过渡以生成特征，放样的对象可以是基体、凸台、切除或曲面，可以使用两个或多个轮廓生成放样，但仅第一个或最后一个对象的轮廓可以是点。

4.4.1　放样凸台

1. 放样凸台特征的属性设置

单击【特征】工具栏中的 🔔【放样凸台 / 基体】按钮，或者选择【插入】|【凸台 / 基体】|【放样】菜单命令，弹出【放样】属性管理器，如图 4-46 所示。

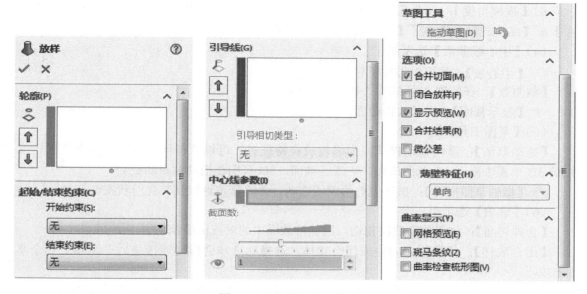

图 4-46　【放样】属性管理器

（1）【轮廓】选项组

🔷【轮廓】：用来生成放样的轮廓，可以选择要放样的草图轮廓、面或边线。

⬆【上移】和 ⬇【下移】：用来调整轮廓的顺序。

（2）【起始 / 结束约束】选项组

【开始约束】和【结束约束】：应用约束以控制开始和结束轮廓的相切，其下拉菜单中包括如下选项。

【无】：不应用相切约束（即曲率为零）。

【方向向量】：根据所选的方向向量应用相切约束。

【垂直于轮廓】：应用在垂直于开始或者结束轮廓处的相切约束。

（3）【引导线】选项组

1）【引导线感应类型】：控制引导线对放样的影响力，包括如下选项。

【到下一引线】：只将引导线延伸到下一引导线。

【到下一尖角】：只将引导线延伸到下一尖角。

【到下一边线】：只将引导线延伸到下一边线。

2）🏃【引导线】：选择引导线来控制放样。

3）⬆【上移】和⬇【下移】：调整引导线的顺序。

4）【引导相切类型】：控制放样与引导线相交处的相切关系。

【无】：不应用相切约束。

【方向向量】：根据所选的方向向量应用相切约束。

【与面相切】：在位于引导线路径上的相邻面之间添加边侧相切，从而在相邻面之间生成更平滑的过渡。

5）↗【方向向量】：根据所选的方向向量应用相切约束。（在【引导相切类型】选中了【方向向量】时可用。）

6）【拔模角度】：只要几何关系成立，将拔模角度沿引导线应用到放样。（在【开始约束】或【结束约束】选中了【方向向量】或【垂直于轮廓】时可用。）

（4）【中心线参数】选项组

🛠【中心线】：使用中心线引导放样形状。

【截面数】：在轮廓之间并围绕中心线添加截面。

👁【显示截面】：显示放样截面。

（5）【草图工具】选项组

【拖动草图】：激活拖动模式，当编辑放样特征时，可以从任何已经为放样定义了轮廓线的 3D 草图中拖动 3D 草图线段、点或基准面，3D 草图在拖动时自动更新。

↶【撤销草图拖动】：撤销先前的草图拖动，并将预览返回到其先前状态。

（6）【选项】选项组

【合并切面】：如果放样线段相切，则保持放样中的对应曲面相切。

【闭合放样】：沿放样方向生成闭合实体，选择此选项会自动连接最后一个和第一个草图实体。

【显示预览】：显示放样的上色预览；取消选择此选项，则只能查看路径和引导线。

【合并结果】：合并所有放样要素。

【微公差】：使用微小的几何图形为零件创建放样。

2. 生成放样特征的操作方法

1）在两个平行的基准面内分别绘制一个五边形和一个矩形后，单击【特征】工具栏中的🔔【放样凸台 / 基体】按钮，或者选择【插入】|【凸台 / 基体】|【放样】菜单命令，弹出【放样】属性管理器。在【轮廓】选项组中，单击【轮廓】选择框选择用来生成放样的轮廓。在图形区域中分别选择矩形草图的一个顶点和五边形草图的一个顶点，如图 4-47 所示。

2）单击✔【确认】按钮，生成放样特征。结果如图 4-48 所示。

3）在【轮廓】选项组中，单击【轮廓】选择框选择用来生成放样的轮廓。在图形区域中分别选择矩形草图的一个顶点和五边形草图的另一个顶点，单击✔【确认】按钮，生成放样特征如图 4-49 所示。

4）在【起始 / 结束约束】选项组中，设置【开始约束】为【垂直于轮廓】，如图 4-50 所示。

5）单击✔【确认】按钮，生成放样特征。结果如图 4-51 所示。

图 4-47　【放样】属性管理器

图 4-48　生成放样特征

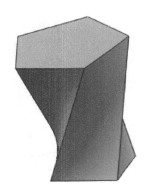

图 4-49　生成放样特征

图 4-50　【放样】属性管理器

图 4-51　生成放样特征

4.4.2　放样切除

1. 放样切除特征的属性设置

单击【特征】工具栏中的 🔟【放样切割】按钮，或者选择【插入】|【切除】|【放样】菜单命令，弹出【切除 - 放样】属性管理器，如图 4-52 所示。

【切除 - 放样】属性管理器中的各选项与【放样】属性管理器基本一致。

2. 生成放样切除特征的操作方法

1）在一实体上绘制草图。这里在一个圆台实体的上、下表面各草绘一个圆，如图 4-53 所示。

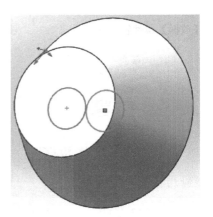

图 4-52　【切除 - 放样】属性管理器　　　　　图 4-53　绘制草图

2）单击【特征】工具栏中的 ⟨⟩ 【放样切除】按钮，或者选择【插入】|【切除】|【放样】菜单命令，弹出【切除 - 放样】属性管理器。在【轮廓】选项组，单击【轮廓】选择框选择用来生成放样切除特征的轮廓。这里选择已绘的两个圆的草图，并根据需要设置其他参数，如图 4-54 所示。

3）单击 ✔ 【确认】按钮，生成放样切除特征。结果如图 4-55 所示。

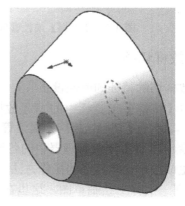

图 4-54　【切除 - 放样】属性管理器　　　　图 4-55　生成放样切除特征

4.4.3　实例 4-4：放样特征实例

运用放样特征，生成一个奖杯的模型，如图 4-56 所示。

1）进入草图绘制状态。

2）在上视基准面上新建草图。单击【特征】工具栏中的 ⊚【多边形】按钮，弹出【多边形】属性管理器，如图 4-57 所示。在【参数】设置组，设置多边形【边数】为"6"，选择【内切圆】，设置 ⬠【圆直径】为"96.00"。单击【尺寸 / 几何关系】工具栏中的 ✎【智能尺寸】按钮，标注内切圆直径，完成草图 1 的绘制，如图 4-58 所示。

实例 4-4

图 4-56　奖杯模型

图 4-57　【多边形】属性管理器

3）设置基准面 1。选择【特征】|【参考几何体】|【基准面】菜单命令，弹出【基准面】属性管理器，如图 4-59 所示。在【第一参考】选项组中，选择上视基准面，设置 ⬚【等距距离】为"70.00mm"，单击 ✔【确认】按钮，完成基准面 1 的创建，如图 4-60 所示。

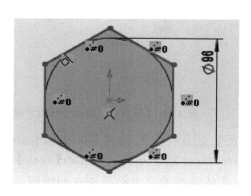

图 4-58　绘制完成草图 1

图 4-59　【基准面】属性管理器

4）在基准面 1 上新建草图。单击【特征】工具栏中的 ⊙【圆】按钮，弹出【圆】属性管理器，如图 4-61 所示，绘制直径为 32mm 的圆，单击 ✔【确认】按钮。应用 ✎【智能尺寸】命令标注圆的直径，完成基准面 1 上的草图 2 的绘制，如图 4-62 所示。

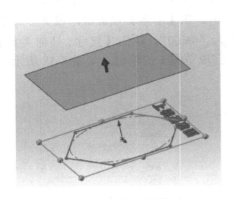

图 4-60　创建完成基准面 1

图 4-61　【圆】属性管理器

5）设置基准面 2。选择【特征】|【参考几何体】|【基准面】菜单命令，弹出【基准面】属性管理器，如图 4-63 所示。在【第一参考】选项组中，选择【基准面 1】，设置 ☐【等距距离】为"98"，单击 ✔【确认】按钮，完成基准面 2 的创建，如图 4-64 所示。

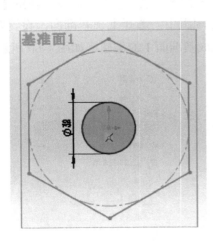

图 4-62　绘制完成草图 2

图 4-63　【基准面】属性管理器设置

6）在基准面 2 上新建草图。单击【特征】工具栏中的 ▭【矩形】按钮，弹出【矩形】属性管理器，如图 4-65 所示，绘制边长为 70mm 的正方形，单击 ✔【确认】按钮。应用 ✎【智能尺寸】命令标注正方形的边长，完成基准面 2 上的草图 3 的绘制，如图 4-66 所示。

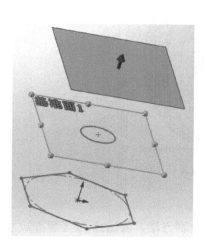

图 4-64　创建完成基准面 2

图 4-65　【矩形】属性管理器

7）设置模型放样。单击【特征】工具栏中的 【放样凸台 / 基体】按钮，弹出【放样】属性管理器，在【轮廓】选项组中，依次选择已绘制完成的【草图 1】【草图 2】和【草图 3】，如图 4-67 所示。单击 【确认】按钮，生成放样特征，生成的奖杯模型如图 4-56 所示。

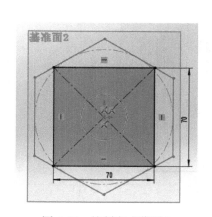

图 4-66　绘制完成草图 3

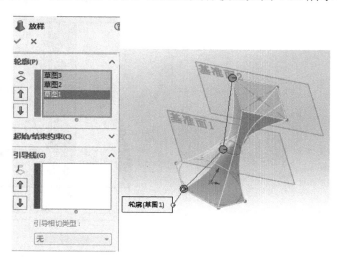

图 4-67　【放样】属性管理器

4.5　综合实例 4-5

实例 4-5

带轮是机械中常用的传动零件，本实例综合运用各种建模方法建立一个如图 4-68 所示的带轮模型。

图 4-68　带轮模型

1）进入草图绘制状态。

2）在前视基准面上新建草图。综合运用草图绘制方法，并运用 ✎【智能尺寸】命令标注各项尺寸，绘制如图 4-69 所示草图 1。

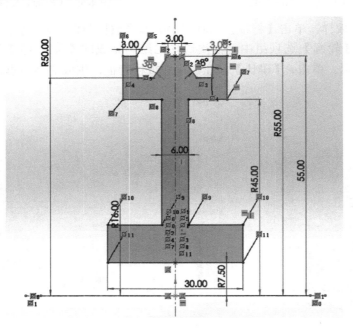

图 4-69　绘制完成草图 1

3）生成旋转特征。单击【特征】工具栏中的 ♨【旋转凸台/基体】按钮，弹出【旋转】属性管理器。【旋转轴】选择草图 1 中的水平中心线，🖹【旋转角度】设为 "360.00 度"，【所选轮廓】选择草图 1，单击 ✔【确认】按钮，生成旋转特征，如图 4-70 所示。

4）在生成的实体右侧面上新建草图。应用 ⊙【圆】等命令绘制如图 4-71 所示草图 2。

5）应用【圆周列阵】命令绘制草图。单击【特征】工具栏的 ✿【圆周列阵】按钮，弹出【圆周列阵】属性管理器，如图 4-72 所示。在【参数】设置组中，设置🖹【方向 1 角度】

为"360度"，设置❋【圆周列阵个数】为"6"。【要列阵的实体】选择草图2中的Φ24的圆，单击✔【确认】按钮，生成圆周列阵特征。应用▣【中心矩形】命令，绘制键槽草图，生成如图 4-73 所示草图。

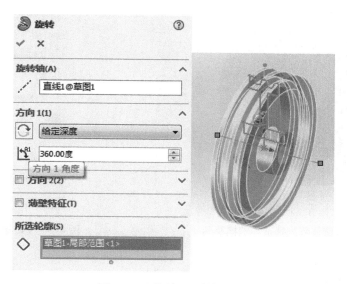

图 4-70　【旋转】属性管理器

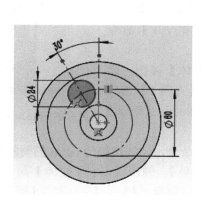

图 4-71　绘制完成草图 2

图 4-72　【圆周列阵】属性管理器

6）单击【特征】工具栏中的 ▣【拉伸切除】按钮，弹出【切除 - 拉伸】属性管理器，如图 4-74 所示。在【方向 1】选项组选择【完全贯穿】，单击✔【确认】按钮，生成拉伸切除特征，生成的带轮模型如图 4-68 所示。

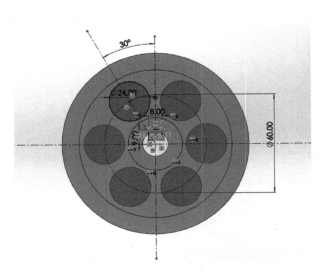

图 4-73　生成圆周阵列特征和键槽草图

图 4-74　【切除 - 拉伸】属性管理器

实例 4-6

4.6　综合实例 4-6

螺栓是机械中常用的螺纹连接件，本实例综合运用各种建模方法建立如图 4-75 所示的 M6×30 螺栓模型。

1）进入草图绘制状态。

2）在上视基准面上新建草图。单击【特征】工具栏中⊚【多边形】按钮，弹出【多边形】属性管理器，如图 4-76 所示。在【参数】设置组设置【边数】为"6"，选择【内切圆】，设置【圆直径】为"12"，单击✔【确认】按钮。应用✎【智能尺寸】命令标注尺寸，完成草图 1 的绘制，如图 4-77 所示。

3）单击【特征】工具栏中的🔲【拉伸凸台 / 基体】按钮，弹出【凸台 - 拉伸】属性管理器，如图 4-78 所示。在【方向 1】选项组中，选择【给定深度】，【深度】设置为"4.2"。单击✔【确认】按钮，生成拉伸凸台特征，如图 4-79 所示。

图 4-75　M6×30 螺栓模型

4）在六角形凸台底面新建草图。应用⊙【圆】命令，绘制直径为 6mm 的圆的草图。

5）单击【特征】工具栏中的🔲【拉伸凸台 / 基体】，弹出【凸台 - 拉伸】属性管理器。在【方向 1】选项组中，选择【给定深度】，【深度】设置为"30mm"，单击✔【确认】按钮，生成拉伸凸台特征，如图 4-80 所示。

6）在右视基准面上绘制如图 4-81 所示草图。

7）单击【特征】工具栏中的🗖【旋转切除】按钮，弹出【切除 - 旋转】属性管理器，如图 4-82 所示。选择【旋转轴】为右视基准面所绘草图的竖直基准线，单击✔【确认】按钮，生成旋转切除特征，如图 4-83 所示，生成如图 4-84 所示实体。

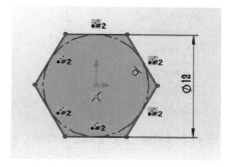

图 4-76 【多边形】属性管理器设置

图 4-77 草图绘制

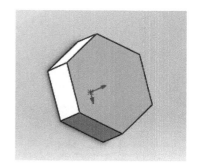

图 4-78 【凸台 - 拉伸】属性管理器

图 4-79 生成拉伸凸台特征

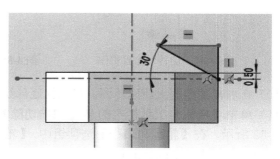

图 4-80 生成拉伸凸台特征

图 4-81 草图绘制

图 4-82　【切除 - 旋转】属性管理器

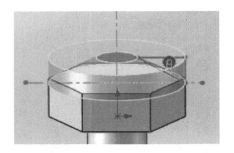

图 4-83　生成旋转切除特征

8）在螺栓圆柱体下端面上新建草图。单击【草图】工具栏中的 ⬡ 【转换实体引用】按钮，将螺栓圆柱体底面轮廓线转换为草图实线。

9）在圆柱面上生成螺旋线特征。单击【特征】工具栏中的 ⟩⟨ 【螺旋线 / 涡状线】按钮，弹出【螺旋线 / 涡状线】属性管理器，如图 4-85 所示。在【参数】选项组，设置【螺距】为"1.00mm"，【圈数】为"12"，【起始角度】为"0.00 度"，单击 ✔ 【确认】按钮，生成螺旋线特征，如图 4-86 所示。

图 4-84　旋转切除后实体

图 4-85　【螺旋线 / 涡状线】属性管理器

10）在右视基准面上新建草图。在螺栓底部绘制如图 4-87 所示轮廓牙形草图。

11）单击【特征】工具栏中的 🐚 【扫描切除】按钮，弹出【切除 - 扫描】属性管理器，如图 4-88 所示。在【轮廓和路径】选项组中，【轮廓】选择已绘制的轮廓牙形草图，【路径】选择螺旋线，单击 ✔ 【确认】按钮，生成扫描切除特征，如图 4-89 所示。最终生成的螺栓模型如图 4-75 所示。

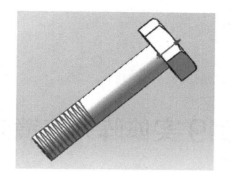

图 4-86　生成螺旋线特征

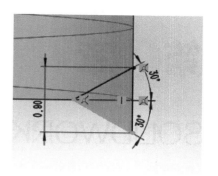

图 4-87　绘制轮廓牙形草图

图 4-88　【切除 - 扫描】属性管理器设置

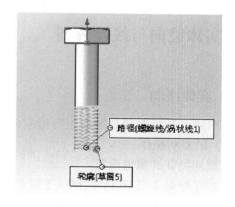

图 4-89　生成螺纹实体

4.7　习题

建立如图 4-90 所示模型。

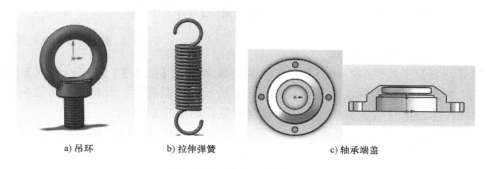

a) 吊环　　　　　b) 拉伸弹簧　　　　　c) 轴承端盖

图 4-90　习题图

第⑤章

SOLIDWORKS 2019 实体阵列与镜向

本章讲解的特征是 SOLIDWORKS 三维建模的第二类特征，即在现有特征的基础上进行二次编辑的特征。这类特征都不需要草图，可以对实体进行编辑操作。

5.1 实体镜向与线性阵列

5.1.1 实体镜向

镜向特征是沿面或基准面进行镜向以生成一个特征（或者多个特征）的复制操作。

1. 镜向特征的属性设置

单击【特征】工具栏中的 ⚏【镜向】按钮，或者选择【插入】|【阵列/镜向】|【镜向】菜单命令，弹出【镜向】属性管理器，如图 5-1 所示。

【镜向面/基准面】：在图形区域中选择一个面或基准面作为镜向面。

【要镜向的特征】：选择模型中的一个或者多个特征，也可以在【特征管理器设计树】中选择要镜向的特征。

【要镜向的面】：在图形区域中单击构成想要镜向的特征的面，此选项对于在输入的过程中仅包括构成特征的面且不包括特征本身的模型很有用。

图 5-1 【镜向】属性管理器

2. 生成镜向特征的操作方法

单击【特征】工具栏中的 ⚏【镜向】按钮，或者选择【插入】|【阵列/镜向】|【镜向】菜单命令，弹出【镜向】属性管理器，如图 5-2 所示。根据需要，选择要进行镜向的特征，设置各选项，单击 ✔【确认】按钮，生成镜向特征，如图 5-3 所示。

5.1.2 线性阵列

线性阵列特征是沿一条或两条直线路径复制指定的源特征或源实体。

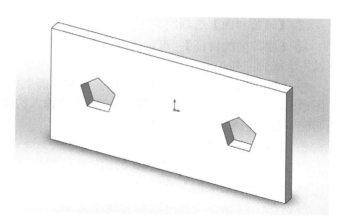

图 5-2　【镜向】属性管理器　　　　　　　　　　　　图 5-3　生成镜向特征

1. 线性阵列特征的属性设置

单击【特征】工具栏中的 ▓▓【线性阵列】按钮，或者选择【插入】|【阵列 / 镜向】|【线性阵列】菜单命令，弹出【线性阵列】属性管理器，如图 5-4 所示。

图 5-4　【线性阵列】属性管理器

（1）【方向 1】【方向 2】选项组

【阵列方向】：设置阵列方向，可以选择线性边线、直线、轴或尺寸等。

↗【反向】：改变阵列方向。

◇◇【间距】：设置阵列实例之间的间距。

⚙#【实例数】：设置阵列实例的数量，此数量包含源特征或实体。

【只阵列源】：只使用源特征而不复制【方向 1】选项组的阵列实例来在【方向 2】选项组中生成线性阵列。

（2）【特征和面】选项组

 【要阵列的特征】：可以使用所选择的特征作为源特征以生成线性阵列。

 【要阵列的面】：可以使用构成源特征的面生成阵列。在图形区域中选择源特征的所有面，这对于只输入构成特征的面而不是特征本身的模型很有用。

（3）【实体】选项组

可以使用在多实体零件中选择的实体生成线性阵列。

（4）【可跳过的实例】选项组

可以在生成线性阵列时跳过在图形区域中选择的阵列实例。

（5）【选项】选项组

【随形变化】：允许重复时更改阵列。

【几何体阵列】：只使用特征的几何体（面和边线）生成线性阵列，而不阵列和求解特征的每个实例。

【延伸视象属性】：将颜色、纹理和装饰螺纹数据延伸到所有阵列实例。

图 5-5　【线性阵列】属性管理器

2. 生成线性阵列特征的操作方法

单击【特征】工具栏中的 【线性阵列】按钮，或者选择【插入】|【阵列/镜向】|【线性阵列】菜单命令，弹出【线性阵列】属性管理器，如图 5-5 所示。根据需要，选择要进行阵列的特征，设置各选项组参数，单击 【确认】按钮，生成线性阵列特征，如图 5-6 所示。

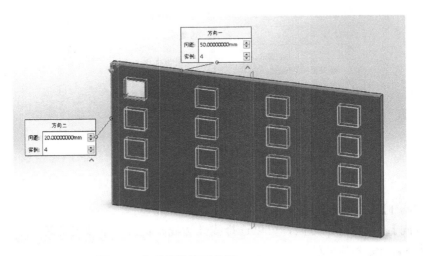

图 5-6　生成线性阵列特征

5.1.3　实例 5-1：线性阵列实例

运用线性阵列生成如图 5-7 特征。

实例 5-1

图 5-7 【线性阵列】特征

1）应用草绘命令和拉伸凸台命令等，根据图 5-7 生成基本的实体模型（一个带中心方孔的板及其上左上角一个四棱柱突起）。

2）单击【特征】工具栏中的 ⚏ 【线性阵列】按钮，或者选择【插入】|【阵列/镜向】|【线性阵列】菜单命令，弹出【线性阵列】属性管理器。

3）设置各选项组参数，选择边线及特征和面，如图 5-8 所示。单击 ✔ 【确认】按钮，生成线性阵列特征。

图 5-8 【线性阵列】属性管理器

5.2 圆周阵列与曲线驱动阵列

5.2.1 圆周阵列

圆周阵列特征是将源特征围绕指定的轴线复制生成多个特征。

1. 圆周阵列特征的属性设置

单击【特征】工具栏中的 ❖【圆周阵列】按钮，选择【插入】|【阵列/镜向】|【圆周阵列】菜单命令，弹出【圆周阵列】属性管理器，如图 5-9 所示。

【阵列轴】：在图形区域中选择轴、模型边线或者角度尺寸等，作为生成圆周阵列所围绕的轴。

❘⟳ 【反向】：改变圆周阵列的方向。

⩗ 【角度】：设置每个实例之间的角度。

❖ 【实例数】：设置源特征的实例数。

【等间距】：自动设置总角度为 360°。

2. 生成圆周阵列特征的操作方法

单击【特征】工具栏中的 ❖【圆周阵列】按钮，或者选择【插入】|【阵列/镜向】|【圆周阵列】菜单命令，弹出【圆周阵列】属性管理器，如图 5-10 所示。根据需要，选择要进行阵列的特征，设置各选项组参数，单击 ✔【确认】按钮，生成圆周阵列特征，如图 5-11 所示。

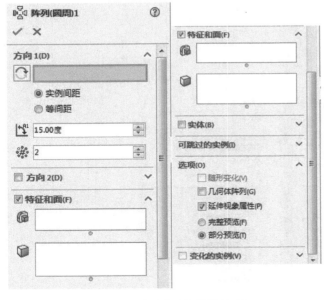

图 5-9 【圆周阵列】属性管理　　　　　　图 5-10 【圆周阵列】属性管理器

5.2.2 曲线驱动阵列

曲线驱动的阵列是通过草图中的平面者 3D 曲线复制源特征的一种阵列方式。

1. 曲线驱动的阵列的属性设置

单击【特征】工具栏中的  【曲线驱动的阵列】按钮，或者选择【插入】|【阵列 / 镜向】|【曲线驱动的阵列】菜单命令，弹出【曲线驱动的阵列】属性管理器，如图 5-12 所示。

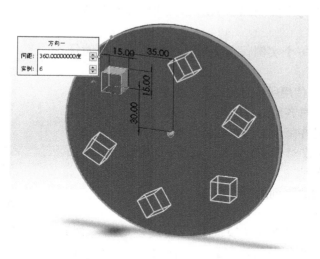

图 5-11　生成圆周阵列特征

1）【阵列方向】：选择曲线、边线、草图实体，或者在【特征管理器设计树】中选择草图作为阵列的路径。

↗ 【反向】：改变阵列的方向。

图 5-12　【曲线驱动的阵列】属性管理器

2） 【实例数】：为阵列中源特征的实例数设置数值。

【等间距】：使每个阵列实例之间的距离相等。

3）【间距】：沿曲线为阵列实例之间的距离设置数值。

4）【曲线方法】：使用所选择的曲线定义阵列的方向。

【转换曲线】：为每个实例保留从所选曲线原点到源特征的距离。

【等距曲线】：为每个实例保留从所选曲线原点到源特征的垂直距离。

5）【对齐方法】：使用所选择的对齐方法将特征进行对齐。

【与曲线相切】：对齐所选择的与曲线相切的每个实例。

【对齐到源】：对齐每个实例以与源特征的原有对齐匹配。

6）【面法线】：（仅对于 3D 曲线）选择 3D 曲线所处的面以生成曲线驱动的阵列。

2. 生成曲线驱动的阵列的操作方法

1）绘制曲线草图。

2）选择【插入】|【阵列/镜向】|【曲线驱动的阵列】菜单命令，弹出【曲线驱动的阵列】属性管理器，如图 5-13 所示。根据需要，选择要进行阵列的特征，设置各选项组参数，单击 ✅【确认】按钮，生成曲线驱动的阵列，如图 5-14 所示。

图 5-13 【曲线驱动的阵列】属性管理器

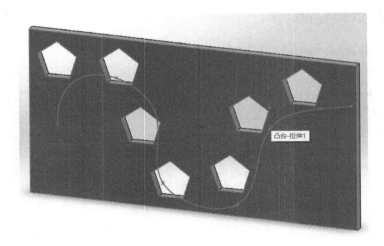

图 5-14 曲线驱动的阵列实体

5.2.3 实例 5-2：圆周阵列实例

实例 5-2

运用圆周阵列生成如图 5-15 所示特征。

1）应用草绘命令和拉伸命令等，根据图 5-15 生成基本的实体模型（板上带一个圆孔）。单击【特征】工具栏中的 🔛【圆周阵列】按钮，或者选择【插入】|【阵列/镜向】|【圆周阵列】菜单命令，弹出【圆周阵列】属性管理器。

2）设置各选项组参数。选择方向角度及特征和面，如图 5-16 所示，选好后单击 ✔ 【确认】按钮，生成特征圆周阵列。

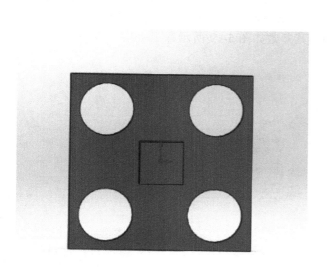

图 5-15　圆周阵列特征

图 5-16　【圆周阵列】属性管理器

5.3　填充阵列

5.3.1　填充阵列

填充阵列是在限定的实体平面或草图区域进行的阵列复制。

1. 填充阵列的属性设置

单击【特征】工具栏的 ⬛ 【填充阵列】按钮，或者选择【插入】|【阵列 / 镜向】|【填充阵列】菜单命令，弹出【填充阵列】属性管理器，如图 5-17 所示。

（1）【填充边界】选项组

⬚ 【填充边界】：选择面或共平面上的草图、平面曲线，定义要使用阵列填充的区域。

（2）【阵列布局】选项组

定义填充边界内实例的布局阵列，可以自定义形状进行阵列或对特征进行阵列，阵列实例以源特征为中心呈同轴心分布。

1）⬛ 【穿孔】：为钣金穿孔式阵列生成网格，其参数如图 5-18 所示。

图 5-17　【填充阵列】属性管理器

【实例间距】：设置实例中心之间的距离。

【交错断续角度】：设置各实例行之间的交错断续角度，起始点位于阵列方向所使用的向量处。

【边距】：设置填充边界与最远端实例之间的边距，可以将边距的数值设置为零。

【阵列方向】：设置方向参考。如果未指定方向参考，系统将使用最合适的参考。

2）【圆周】：生成圆周形阵列，其参数如图 5-19 所示。

图 5-18 【阵列布局】选项组

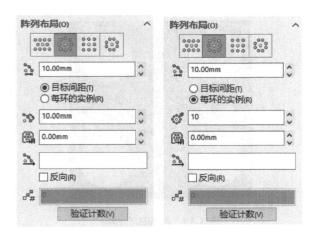

图 5-19 【阵列布局】选项组

【环间距】：设置实例环间的距离。

【目标间距】：使用 【环间距】设置每个环内实例间距离以填充区域。

【每环的实例】：使用 【实例数】（每环）填充区域。

【实例间距】：设置每个环内实例中心间的距离。

【边距】：设置填充边界与最远端实例之间的边距，可以将边距的数值设置为零。

【阵列方向】：设置方向参考。

3）【方形】：生成方形阵列，其参数如图 5-20 所示。

【环间距】：设置实例环间的距离。

【目标间距】：使用 【环间距】设置每个环内实例间距离以填充区域。

【每边的实例】：使用 【实例数】（每个方形的每边）填充区域。

【实例间距】：设置每个环内实例中心间的距离。

【实例数】：设置每个方形每边的实例数。

【边距】：设置填充边界与最远端实例之间的边距，可以将边距的数值设置为零。

【阵列方向】：设置方向参考。

4）【多边形】：生成多边形阵列，其参数如图 5-21 所示。

【环间距】：设置实例环间的距离。

【多边形边】：设置阵列中的边数。

【目标间距】：使用 【实例间距】设置每个环内实例间距离以填充区域。

【每边的实例】：使用 【实例数】填充区域。

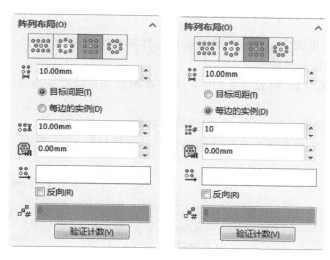

图 5-20　【阵列布局】选项组

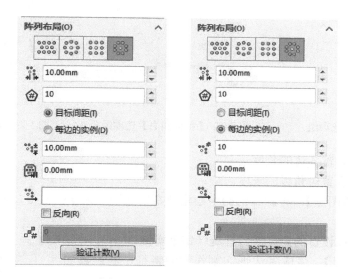

图 5-21　【阵列布局】选项组

【实例间距】：设置每个环内实例中心间的距离。

【实例数】：设置每个多边形每边的实例数。

【边距】：设置填充边界与最远端实例之间的边距，可以将边距的数值设置为零。

【阵列方向】：设置方向参考。

（3）【特征和面】选项组

【所选特征】：在　【要阵列的特征】中选择要阵列的特征。

【生成源切】：为要阵列的源特征自定义切除形状。

1）【圆】：生成圆形切割作为源特征，其参数如图 5-22 所示。

【直径】：设置直径。

【顶点或草图点】：将源特征的中心定位在所选顶点或草图点处，并生成以该点为起始点的阵列。

2）▣【方形】：生成方形切割作为源特征，其参数如图 5-23 所示。

▭【尺寸】：设置各边的长度。

▫【顶点或草图点】：将源特征的中心定位在所选顶点或草图点处，并生成以该点为起始点的阵列。

⬚【旋转】：以设置的角度逆时针旋转每个实例。

3）◈【菱形】：生成菱形切割作为源特征，其参数如图 5-24 所示。

图 5-22 【特征和面】选项组

图 5-23 【特征和面】选项组

图 5-24 【特征和面】选项组

◇【尺寸】：设置各边的长度。

◁【对角】：设置对角线的长度。

◈【顶点或草图点】：将源特征的中心定位在所选顶点或草图点处，并生成以该点为起始点的阵列。

⬚【旋转】：以设置的角度逆时针旋转每个实例。

4）⬠【多边形】：生成多边形切割作为源特征，其参数如图 5-25 所示。

⬡【多边形边】：设置边数。

⬡【外径】：根据外径设置阵列大小。

⬠【内径】：根据内径设置阵列大小。

⬠【顶点或草图点】：将源特征的中心定位在所选顶点或者草图点处，并生成以该点为起始点的阵列。

⬚【旋转】：以设置的角度逆时针旋转每个实例。

【反转形状方向】：围绕在填充边界中所选择的面反转源特征的方向。

2. 生成填充阵列的操作方法

1）绘制平面草图。

2）选择【插入】|【阵列/镜向】|【填充阵列】菜单命令，

图 5-25 【特征和面】选项组

弹出【填充阵列】属性管理器，如图 5-26 所示。根据需要，设置各选项组参数，单击【确认】按钮，生成填充阵列，如图 5-27 所示。

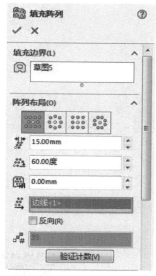

图 5-26　【填充阵列】属性管理器

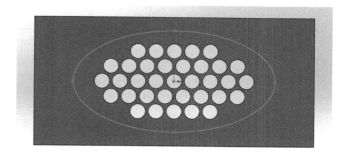

图 5-27　填充阵列

5.3.2　实例 5-3：填充阵列实例

运用填充阵列命令生成如图 5-28 特征。

1）应用草绘命令和拉伸命令等，根据图 5-28 生成一个带一个圆孔的板　　　　实例 5-3
的基础模型。选择【插入】|【阵列 / 镜向】|【填充阵列】菜单命令，弹出【填充阵列】属性管理器。

2）设置各选项组参数，如图 5-29 所示，单击 ✓【确认】按钮，生成填充阵列。

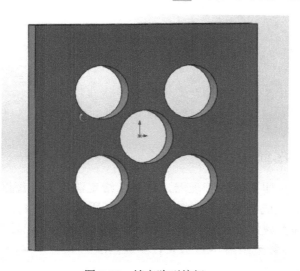

图 5-28　填充阵列特征

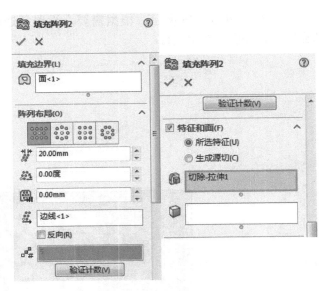

图 5-29 【填充阵列】属性管理器

5.4 综合实例 5-4

实例 5-4

链节是常用的链轮传动部件中的零件，综合运用各种建模方法，建立如图 5-30 所示的链节三维模型。

1）进入草图绘制状态。

2）在前视基准面上绘制如图 5-31 所示草图。

图 5-30 链节模型

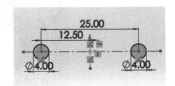

图 5-31 草图绘制

3）打开【凸台 - 拉伸】属性管理器，选择【给定深度】，【深度】设置为 "8.00mm"，单击 ✔ 【确认】按钮，生成拉伸凸台特征，如图 5-32 所示。

4）打开【基准面】属性管理器，在【第一参考】选项组中，选择拉伸形成的圆柱体的顶面（面 <1>），其他参数按照图 5-33 设置，生成基准面 1。

5）在基准面 1 上绘制如图 5-34 所示草图。

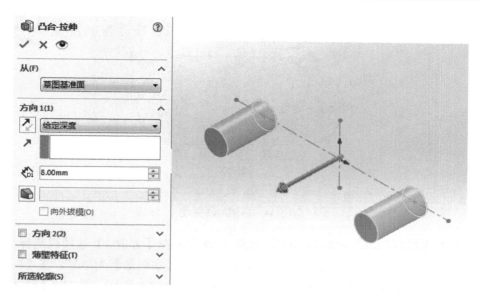

图 5-32　【凸台 - 拉伸】属性管理器及生成的拉伸凸台特征

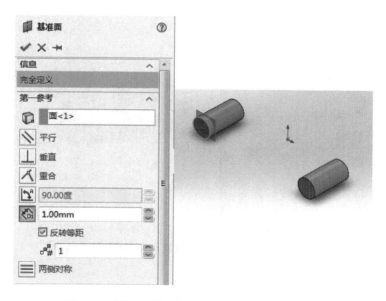

图 5-33　【基准面】属性管理器及生成的基准面 1

6）打开【凸台 - 拉伸】属性管理器，选择【给定深度】，【深度】设置为 "1.50mm"，单击✔【确认】按钮，生成拉伸凸台特征，如图 5-35 所示。

7）在新建凸台的上表面绘制如图 5-36 所示矩形草图。

8）打开【凸台 - 拉伸】属性管理器，选择【给定深度】，【深度】设置为 "1.50mm"，单击✔【确认】按钮，生成拉伸凸台特征，如图 5-37 所示。

9）在新建凸台的上表面新建草图，并应用【切除 - 拉伸】，命令生成拉伸切除特征，如图 5-38 所示。

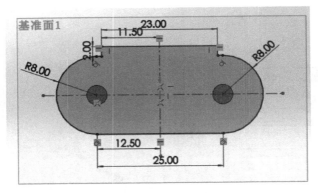

图 5-34 草图绘制完成

10）打开【线性列阵】属性管理器，如图 5-39 所示在【方向 1】选项组选择草图边线为【阵列方向】，并设置 ⚙【间距】为 "13.00mm"，⚙#【实例数】为 "2"，在【特征和面】选项组选择 🗔【要列阵的特征】为上一步生成的切除 - 拉伸 1 特征，单击 ✔【确认】按钮，生成线性阵列特征。

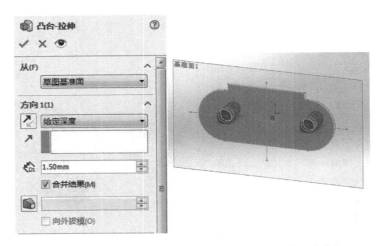

图 5-35 【凸台 - 拉伸】属性管理器及生成的拉伸凸台特征

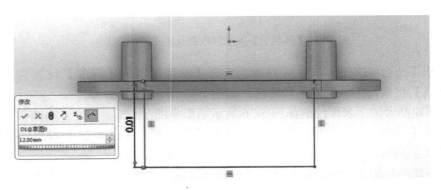

图 5-36 草图绘制

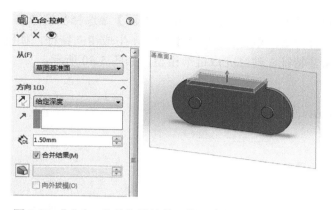

图 5-37　【凸台 - 拉伸】属性管理器及生成的拉伸凸台特征

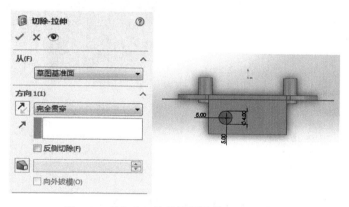

图 5-38　【凸台 - 拉伸】属性管理器及草图

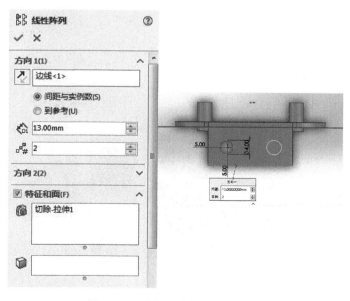

图 5-39　【线性列阵】属性管理器

11）打开【镜向】属性管理器，【镜向面/基准面】 选择前视基准面，【要镜向的特征】 依次选择所做的所有特征，单击✔【确认】按钮，生成镜向特征，如图 5-40 所示。

12）生成所有所需特征，建立完成链节模型，如图 5-30 所示。

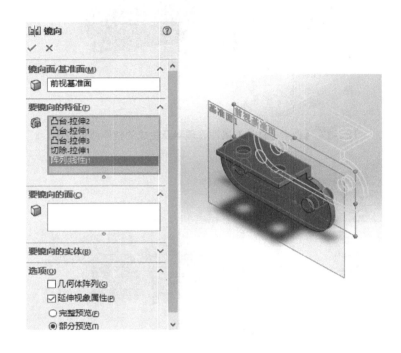

图 5-40 【镜向】属性管理器

5.5 习题

建立如图 5-41 所示模型。

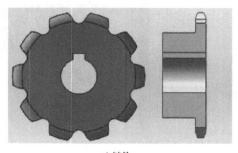

a) 链轮

图 5-41 习题图

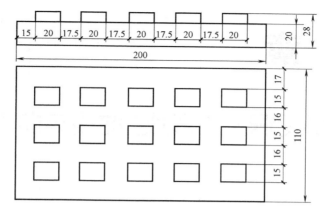

b) 板块

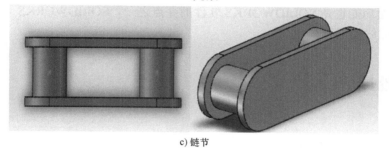

c) 链节

图 5-41　习题图（续）

第**6**章

SOLIDWORKS 2019 曲线与曲面特征造型

曲线与曲面功能也是 SOLIDWORKS 软件的亮点之一，SOLIDWORKS 可以轻松地生成复杂的曲面与曲线模型。

6.1 曲线设计

6.1.1 分割线与投影曲线

1. 分割线

分割线通过将实体投影到曲面或平面上而将所选的面分割为多个分离的面，从而可以选择其中一个分离面进行操作。投影的实体可以是草图、模型实体、曲面、面、基准面或曲面样条曲线。

单击【曲线】工具栏中的 🌐【分割线】按钮，或者选择【插入】|【曲线】|【分割线】菜单命令，弹出【分割线】属性管理器。在【分割类型】选项组中，选择生成的分割线的类型，如图 6-1 所示。

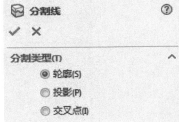

图 6-1 【分割线】属性管理器

1)【轮廓】：在圆柱形零件上生成分割线。选择【轮廓】后的【分割线】属性管理器如图 6-2 所示。

　　❖【拔模方向】：选择拔模的基准面（中性面）。

　　🔲【要分割的面】：选择要分割的面。

　　🔁【角度】：设置拔模角度。

2)【投影】：将草图投影到曲面上生成分割线。选择【投影】后的【分割线】属性管理器如图 6-3 所示。

　　🔲【要投影的草图】：选择要投影的草图。

　　🔲【要分割的面】：选择要分割的面。

　　【单向】：以单一方向投影来生成分割线。

3)【交叉点】：交叉的曲面生成分割线。选择【交叉点】后的【分割线】属性管理器如图 6-4 所示。

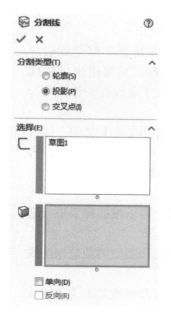

图 6-2　【分割线】属性管理器　　　图 6-3　【分割线】属性管理器　　　图 6-4　【分割线】属性管理器

【分割实体 / 面 / 基准面】：选择分割工具，可以是交叉实体、曲面、面、基准面或曲面样条曲线。

【要分割的面】：选择要分割的面。

【分割所有】：分割所有可以分割的曲面。

【自然】：按照曲面的形状进行分割。

【线性】：按照线性方向进行分割。

2. 投影曲线

投影曲线有【面上草图】和【草图到草图】两种类型。
【面上草图】是通过将绘制的曲线投影到模型面上的方式生成
一条三维曲线。【草图到草图】是先在两个相交的基准面上
分别绘制草图，将每个草图沿所在平面的垂直方向投影以得
到相应的曲面，最后这个曲面在空间中相交而生成一条三维
曲线。

单击【曲线】工具栏中的 【投影曲线】按钮，或者选
择【插入】|【曲线】|【投影曲线】菜单命令，弹出【投影曲
线】属性管理器，如图 6-5 所示。

在【选择】选项组中，可以选择两种投影类型，即【面
上草图】和【草图上草图】。

【要投影的草图】：在图形区域中选择曲线草图。

【投影面】：选择想要投影草图的面。

【反转投影】：设置投影曲面的方向。

【双向】：创建在草图两侧延伸的投影。

图 6-5　【投影曲线】属性管理器

6.1.2 螺旋线

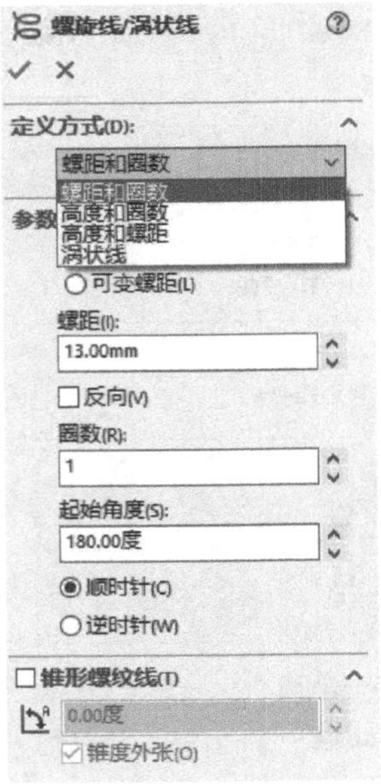

螺旋线和涡状线可以作为扫描特征的路径或引导线，也可以作为放样特征的引导线，通常用来生成螺纹、弹簧和发条等零件，也可以在工业设计中作为装饰使用。

单击【曲线】工具栏中的 ⅛ 【螺旋线】按钮，或者选择【插入】|【曲线】|【螺旋线 / 涡状线】菜单命令，弹出【螺旋线 / 涡状线】属性管理器。

（1）【定义方式】选项组

用来定义生成螺旋线的方式，可以根据需要进行选择，如图 6-6 所示。

【螺距和圈数】：通过设置螺距和圈数的数值来生成螺旋线。

【高度和圈数】：通过设置高度和圈数的数值来生成螺旋线。

【高度和螺距】：通过设置高度和螺距的数值来生成螺旋线。

图 6-6 【螺旋线 / 涡状线】属性管理器

【涡状线】：通过设置螺距和圈数的数值来生成涡状线。

（2）【参数】选项组

【恒定螺距】：以恒定螺距方式生成螺旋线。

【可变螺距】：以可变螺距方式生成螺旋线。

【区域参数】：通过指定圈数、高度、直径及螺距生成可变螺距螺旋线。

【螺距】：设置螺距数值。

【圈数】：设置旋转圈数。

【高度】：设置螺旋线的高度。

【反向】：从原点开始向后延伸螺旋线，或者生成内向涡状线。

【起始角度】：设置在绘制的圆上开始旋转的角度。

【顺时针】：设置旋转方向为顺时针。

【逆时针】：设置旋转方向为逆时针。

（3）【锥形螺纹线】选项组

 ⬙ 【锥形角度】：设置锥形螺纹线的角度。

【锥度外张】：设置螺纹线的锥度为外张。

6.1.3 实例 6-1：分割线特征

单击【曲线】工具栏中的 ⬡ 【分割线】按钮，或者选择【插入】|【曲线】|【分割线】菜单命令，弹出【分割线】属性管理器。在【分割类型】选项组中选择【投影】；在 ⊏ 【要投影的草图】选项组中选择草图 2（"solidworks 2019"），在 ▦ 【要分割的面】选项组中选择面 1（圆柱曲面），如图 6-7 所示。

实例 6-1

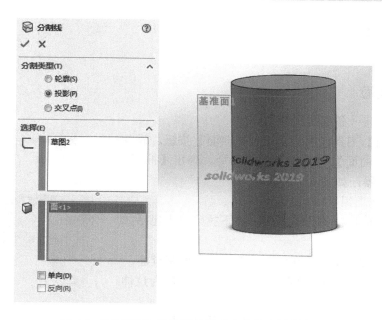

图 6-7 【分割线】属性管理器及生成的分割线特征

6.1.4 实例 6-2：螺旋线特征

单击【曲线】工具栏中的 【螺旋线】按钮，或者选择【插入】|【曲线】|【螺旋线 / 涡状线】菜单命令，弹出【螺旋线 / 涡状线】属性管理器。【定义方式】选择【螺距和圈数】。在【参数】选项组，选择【恒定螺距】，【螺距】设为 "10.00mm"，【圈数】设为 "20"，【起始角度】设为 "0.00 度"，选择【顺时针】，如图 6-8 所示。

实例 6-2

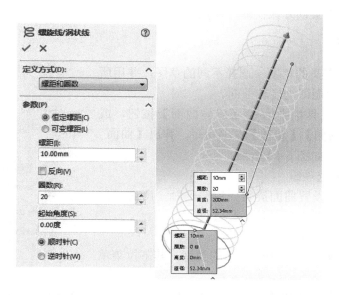

图 6-8 【螺旋线 / 涡状线】属性管理器及生成的螺旋线特征

6.2 曲面特征

6.2.1 拉伸曲面

拉伸曲面是将一条曲线拉伸为曲面。

单击【曲面】工具栏中的  【拉伸曲面】按钮，或者选择【插入】|【曲面】|【拉伸】菜单命令，弹出【曲面 - 拉伸】属性管理器，如图 6-9 所示。

（1）【从】选项组

用来设置拉伸特征的开始条件，其下拉菜单中包括如下选项。

【草图基准面】：拉伸的开始面为选中的草图基准面。

【曲面 / 面 / 基准面】：选择这些面中的一种作为拉伸曲面的开始曲面。

【顶点】：选择一个顶点作为拉伸曲面的开始位置。

【等距】：从与当前草图基准面等距的基准面上开始拉伸曲面。

（2）【方向 1】【方向 2】选项组

【终止条件】：决定拉伸曲面的终止方式。

【反向】：改变曲面拉伸的方向。

【拉伸方向】：选择曲面拉伸方向。

【深度】：设置曲面拉伸距离。

【拔模开 / 关】：设置拔模角度。

【向外拔模】：设置向外拔模或是向内拔模。

图 6-9 【曲面 - 拉伸】属性管理器

6.2.2 旋转曲面

从交叉或者非交叉的草图中选择不同的草图，并用所选轮廓旋转生成的曲面即为旋转曲面。

单击【曲面】工具栏中的  【旋转曲面】按钮，或者选择【插入】|【曲面】|【旋转】菜单命令，弹出【曲面 - 旋转】属性管理器，如图 6-10 所示。

（1）【旋转轴】选项组

【旋转轴】：设置曲面旋转所围绕的轴，所选择的轴可以是中心线、直线也可以是一条边线。

（2）【方向 1】选项组

【旋转类型】：设置生成旋转曲面的类型，其下拉菜单中包括如下选项。

【给定深度】：从草图以单一方向生成旋转。

图 6-10 【曲面 - 旋转】属性管理器

【成形到一顶点】：从草图基准面生成旋转到指定顶点。

【成形到一面】：从草图基准面生成旋转到指定曲面。

【到离指定面指定的距离】：从草图基准面生成旋转到距离指定曲面指定等距处。

【两侧对称】：从草图基准面沿顺时针和逆时针方向生成旋转。

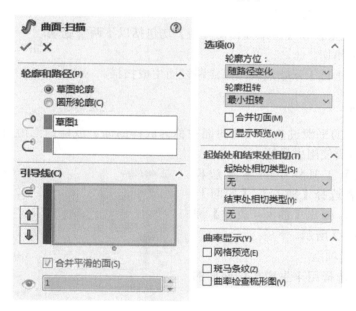【反向】：改变旋转曲面的方向。

【角度】：设置旋转曲面的角度，默认的角度为"360.00 度"。

6.2.3　扫描曲面

利用轮廓和路径生成的曲面被称为扫描曲面。扫描曲面和扫描特征类似，也可以通过引导线生成。

单击【曲面】工具栏中的 【扫描曲面】按钮，或者选择【插入】|【曲面】|【扫描】菜单命令，弹出【曲面 - 扫描】属性管理器，如图 6-11 所示。

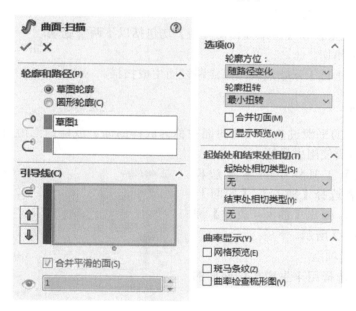

图 6-11　【曲面 - 扫描】属性管理器

（1）【轮廓和路径】选项组

【轮廓】：设置用来生成扫描曲面的草图轮廓，扫描曲面的轮廓可以使开环的，也可以是闭环的。

【路径】：设置生成扫描曲面的路径。

（2）【引导线】选项组

【引导线】：在轮廓沿路径扫描时加以引导。

【上移】：调整引导线的顺序，使指定的引导线上移。

【下移】：调整引导线的顺序，使指定的引导线下移。

【合并平滑的面】：改进通过引导线扫描的性能，并在引导线或路径不是曲率连续的所有点处进行分割扫描。

（3）【选项】选项组

【轮廓方位】：控制【轮廓】沿【路径】扫描时的方向，包括如下选项。

【随路径变化】：轮廓相对于路径时刻处于同一角度。当路径上出现少许波动和不均匀波动使轮廓不能对齐时，可以将轮廓稳定下来。

【保持法向不变】：轮廓时刻与开始轮廓平行。

【轮廓扭转】：沿路径扭转轮廓，包括如下选项。

【随路径和第一引导线变化】：中间轮廓的扭转由路径到第一引导线的向量决定。

【随第一和第二引导线变化】：中间轮廓的扭转由第一条引导线到第二条引导线的向量决定。

【合并相切面】：在扫描曲面时，如果扫描轮廓具有相切线段，可以使所产生的扫描中的相应曲面相切。

【显示预览】：以上色方式显示扫描结果的预览。

（4）【起始处和结束处相切】选项组

【起始处相切类型】和【结束处相切类型】均包括以下两个选项。

【无】：不应用相切。

【路径相切】：垂直于开始点或结束点路径而生成扫描。

6.2.4 放样曲面

通过曲线之间的平滑过渡生成的曲面被称为放样曲面。放样曲面由放样的轮廓曲线组成，也可以根据需要使用引导线。

单击【曲面】工具栏中的 ↓ 【放样曲面】按钮。或者选择【插入】|【曲面】|【放样】菜单命令，弹出【曲面 - 放样】属性管理器，如图 6-12 所示。

（1）【轮廓】选项组

⋄ 【轮廓】：选择用来生成放样曲面的草图轮廓。

↑ 【上移】：调整轮廓草图的顺序，选择轮廓草图，使其上移。

↓ 【下移】：调整轮廓草图的顺序，选择轮廓草图，使其下移。

（2）【起始 / 结束约束】选项组

【起始约束】和【结束约束】包括相同的如下选项。

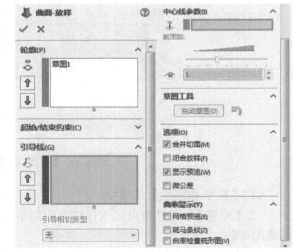

图 6-12 【曲面 - 放样】属性管理器

【无】：不应用相切约束，即曲率为零。

【方向向量】：根据作为方向向量的所选实体而应用相切约束。

（3）【引导线】选项组

♪ 【引导线】：选择引导线以控制放样曲面。

↑ 【上移】：调整引导线的顺序，选择引导线，使其上移。

　　【下移】：调整引导线的顺序，选择引导线，使其下移。

　　【引导相切类型】：控制放样与引导线相遇处的相切关系。

　　（4）【中心线参数】选项组

　　【中心线】：使用中心线引导放样形状，中心线可以和引导线是同一条线。

　　【截面数】：在轮廓之间围绕中心线添加截面，截面数可以通过移动滑杆进行调整。

　　（5）【草图工具】选项组

　　用于在同一草图（特别是 3D 草图）的轮廓中定义放样截面和引导线。

　　【拖动草图】：激活草图拖动模式。

　　【撤销草图拖动】：撤销先前的草图拖动操作，并将预览返回到其先前状态。

　　（6）【选项】选项组

　　【合并切面】：在生成放样曲面时，如果放样线段相切，则使在所生成的放样中的对应的曲面保持相切。

　　【闭合放样】：沿放样方向生成闭合实体。

　　【显示预览】：显示放样的上色预览；若取消选择此选项，则只显示路径和引导线。

　　【微公差】：使用微小的几何图形为零件创建放样。

6.2.5　实例 6-3：拉伸曲面特征

　　选择基准面，根据图 6-13 草绘出一条样条曲线。单击【曲面】工具栏中的 【拉伸曲面】按钮，或者选择【插入】|【曲面】|【拉伸】菜单命令，弹出【曲面 - 拉伸】属性管理器。在【从】选项组选择【草图基准面】；在【方向1】选项组选择【给定深度】，【深度】设为"50.00mm"，单击【拔模开 / 关】关闭拔模功能；【所选轮廓】选择草图 4（已绘的样条曲线），如图 6-13 所示。

实例 6-3

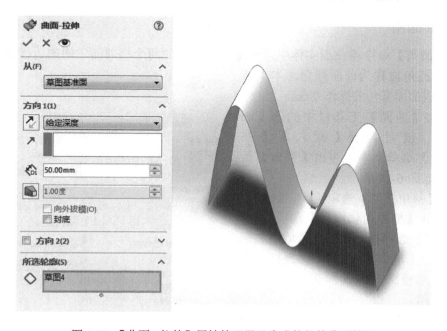

图 6-13　【曲面 - 拉伸】属性管理器及生成的拉伸曲面特征

6.2.6　实例 6-4：曲面 - 扫描特征

实例 6-4

根据图 6-14，选择两个不同的基准面，绘制一条样条曲线和曲线端上的一个半圆。单击【曲面】工具栏中的 🌶 【扫描曲面】按钮，或者选择【插入】|【曲面】|【扫描】菜单命令，弹出【曲面 - 扫描】属性管理器，在【轮廓和路径】选项组选择【圆形轮廓】，【路径】选择选择草图 4（已绘的样条曲线），【圆直径】设为"10.00mm"，如图 6-14 所示。

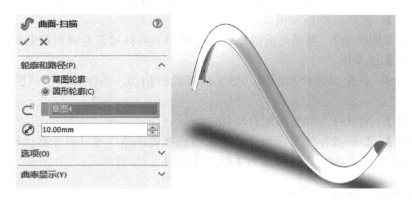

图 6-14　【曲面 - 扫描】属性管理器及生成的扫描曲面特征

6.3　曲面编辑

6.3.1　曲面圆角

应用【圆角】命令将曲面实体中以一定角度相交的两个相邻面之间的边线进行平滑过渡而生成的圆角被称为曲面圆角。本小节主要介绍生成曲面圆角的操作方法。

1）单击【曲面】工具栏中的 🔲 【圆角】按钮，或者选择【插入】|【曲面】|【圆角】菜单命令，弹出【圆角】属性管理器，如图 6-15 所示。

2）在【圆角类型】选项组中，选择 🔲【面圆角】；在【要圆角化项目】选项组中，单击【面组 1】选择框，在图形区域中选择图 6-16 的面 1，单击【面组 2】选择框，在图形区域中选择图 6-16 的面 2，其他设置如图 6-17 所示。

3）此时在图形区域中会显示曲面圆角的预览，注意箭头指示的方向，如果方向不

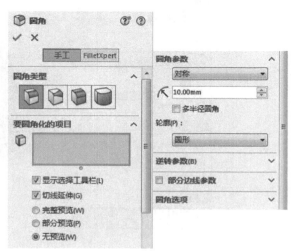

图 6-15　【圆角】属性管理器

正确，系统会提示错误或者生成不同效果的曲面圆角，单击 ✔【确认】按钮，生成曲面圆角。

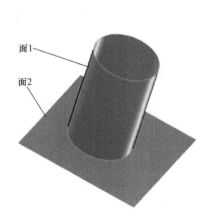

图 6-16　生成圆角前的模型

图 6-17　【圆角】属性管理器

　　曲面圆角的箭头指示方向如图 6-18 所示时，会生成如图 6-19 所示曲面圆角。曲面圆角的箭头指示为如图 6-20 所示的另一方向时，会生成如图 6-21 所示曲面圆角。

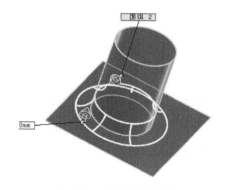

图 6-18　曲面圆角预览

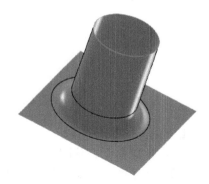

图 6-19　生成曲面圆角特征

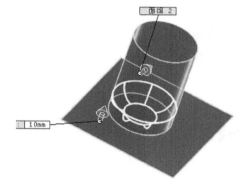

图 6-20　曲面圆角预览

图 6-21　生成曲面圆角特征

6.3.2 剪裁曲面

可以使用曲面、基准面或者草图作为剪裁工具剪裁相交曲面，也可以将曲面和其他曲面配合使用，相互作为剪裁工具。

单击【曲面】工具栏中的  【剪裁曲面】按钮，或者选择【插入】|【曲面】|【剪裁曲面】菜单命令，弹出【剪裁曲面】属性管理器，如图 6-22 所示。

图 6-22 【剪裁曲面】属性管理器

（1）【剪裁类型】选项组

【标准】：使用曲面、草图实体、曲线或基准面等剪裁曲面。

【相互】：使用曲面本身剪裁多个曲面。

（2）【选择】选项组

【剪裁工具】：在图形区域中选择曲面、草图实体、曲线或基准面作为剪裁其他曲面的工具。

【保留选择】：设置剪裁曲面中选择的部分为要保留的部分。

【移除选择】：设置剪裁曲面中选择的部分为要移除的部分。

（3）【曲面分割选项】选项组

【分割所有】：显示曲面中的所有分割。

【自然】：边界边线随曲面形状变化。

【线性】：边界边线随剪裁点延伸到最近的边线上。

6.3.3 填充曲面

填充曲面是在现有模型边线、草图或曲线定义的边界内生成带任何边数的曲面修补，填充曲面可以用来构造填充模型中缝隙的曲面。

单击【曲面】工具栏中的  【填充曲面】按钮，或者选择【插入】|【曲面】|【填充】菜单命令，弹出【填充曲面】属性管理器，如图 6-23 所示。

（1）【修补边界】选项组

【修补边界】：定义所应用的修补边线。

【交替面】：只在实体模型上生成修补时使用，用于控制修补曲率的反转边界面。

【曲率控制】：在生成的修补上进行控制，可以在同一修补中应用不同的曲率控制。包括的选项有【相触】【相切】和【曲率】。

【应用到所有边线】：可以将相同的曲率控制应用到所有边线中。

【优化曲面】：用于对曲面进行优化，其潜在优势包括加快重建时间，以及当与模型中的其他特征一起使用时增强稳定性。

【显示预览】：以上色方式显示曲面填充预览。

（2）【约束曲线】选项组

【约束曲线】：在填充曲面时添加斜面控制。

图 6-23　【填充曲面】属性管理器

（3）【选项】选项组

【修复边界】：可以自动修复填充曲面的边界。

【合并结果】：选项的行为根据边界而定。当所有边界都属于同一实体时，可以使用曲面填充来修补实体。如果边界至少有一个边线是开环薄边，勾选此选项，则可以用边线所属的曲面进行缝合。如果所有边界实体都是开环边线，那么可以选择生成实体。

【创建实体】：如果边界实体都是开环边线，可以勾选此选项生成实体。

【反向】：此选项用于纠正填充曲面时不符合填充需要的方向。

6.3.4 实例 6-5：剪裁曲面特征

在实例 6-4 的基础上，选择基准面，绘制一条穿过曲面的直线的草图，单击【曲面】工具栏中的 【剪裁曲面】按钮，或者选择【插入】|【曲面】|【剪裁曲面】菜单命令，弹出【剪裁曲面】属性管理器，如图 6-24 所示。【裁剪类型】选择【标准】，【裁剪工具】选择草图 15（已绘的直线），点选【保留选择】选项，在图中选择保留的部分，结果如图 6-25 和图 6-26 所示。

实例 6-5

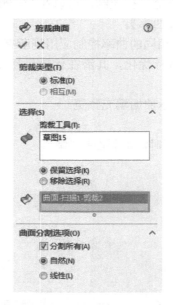

图 6-24 【剪裁曲面】属性管理器

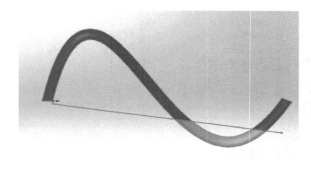

图 6-25 剪裁曲面预览

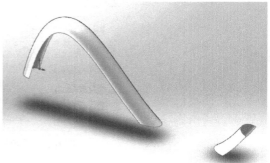

图 6-26 剪裁曲面特征

6.4 综合实例 6-6

1）单击【曲线】工具栏中的 【螺旋线】按钮，或者选择【插入】|【曲

实例 6-6

线】|【螺旋线】菜单命令，弹出【螺旋线】属性管理器。【定义方式】选择【螺距和圈数】，在【参数】选项组选择【恒定螺距】，【螺距】设置为"100.00mm"，【圈数】设置为"10"，起始角度设置为"0.00 度"，选择【顺时针】，如图 6-27 所示。

2）单击【曲面】工具栏中的  【扫描曲面】按钮，或者选择【插入】|【曲面】|【扫描曲面】菜单命令，弹出【曲面 - 扫描】属性管理器，选择【轮廓和路径】中的【圆形轮廓】，【路径】选择步骤 1）绘制的螺旋线，【圆直径】设为"10.00mm"，如图 6-28 和图 6-29 所示。

图 6-27　【螺旋线】属性管理器　　　　　图 6-28　【曲面 - 扫描】属性管理器

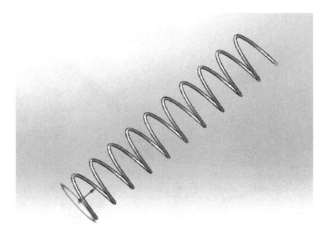

图 6-29　螺旋曲面特征

6.5 综合实例 6-7

1）选择基准面，根据图 6-30，绘制一条直线和一条样条曲线的草图。单击【曲面】工具栏中的 【旋转曲面】按钮，或者选择【插入】|【曲面】|【旋转】菜单命令，弹出【曲面 - 旋转】属性管理器。【旋转轴】选择为直线 1（已绘的直线），在【方向 1】选项组设置【角度】为"360.00 度"，【所选轮廓】选择草图 33（已绘的样条曲线），如图 6-30 所示。

实例 6-7

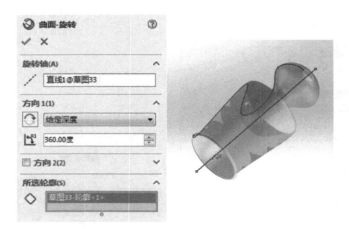

图 6-30 【曲面 - 旋转】属性管理器

2）选择基准面绘制平面区域，生成平面。

3）单击【曲面】工具栏中的 【圆角】按钮，或者选择【插入】|【曲面】|【圆角】菜单命令，弹出【圆角】属性管理器。在【圆角类型】选项组中，选择 【面圆角】；在【要圆角化的项目】选项组中，单击【面组 1】选择框，在图形区域中选择图 6-31 中的面 1（步骤 1）生成模型的外表面），单击【面组 2】选择框，在图形区域中选择图 6-31 中的面 2（步骤 2）所绘平面），生成曲面圆角特征如图 6-31 所示。

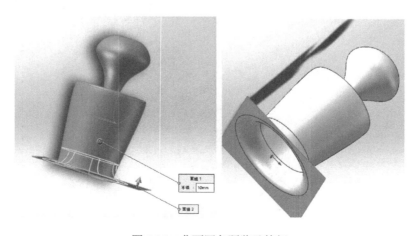

图 6-31 曲面圆角预览及特征

6.6　习题

利用旋转曲面、剪裁曲面命令绘制如图 6-32 所示曲面。

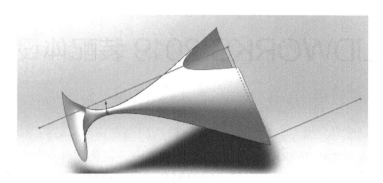

图 6-32　习题图

第7章

SOLIDWORKS 2019 装配体设计

装配体设计是 SOLIDWORKS 软件的三大功能之一，是将零件在软件环境中进行虚拟装配，从而为装配体文件建立产品零件之间的配合关系。本章主要介绍标准配合、高级配合、机械配合的方法。

7.1 装配体概述与设计方法

7.1.1 装配体概述

装配体可以生成由许多零部件组成的复杂装配体，这些零部件可以是零件或者其他装配体（被称为子装配体）。对于大多数操作而言，零件与装配体的行为方式是相同的。当在 SOLIDWORKS 中打开装配体时，查找的零部件文件将在装配体中显示，同时零部件中的更改将自动反映在装配体中。

1. 插入装配体

选择【文件】|【新建】菜单命令，单击 【装配体】按钮。选择【插入】|【零部件】|【现有零件 / 装配体】菜单命令，弹出【插入零部件】属性管理器，装配体文件会在【打开文档】列表框中显示出来，单击【浏览】按钮可以打开现有零件文件，如图 7-1 所示。

【选项】选项组有如下选项。

【生成新装配体时开始命令】：当生成新装配体时，勾选以打开此属性设置。

【生成新装配体时自动浏览】：如果【打开文档】下没有可用的部

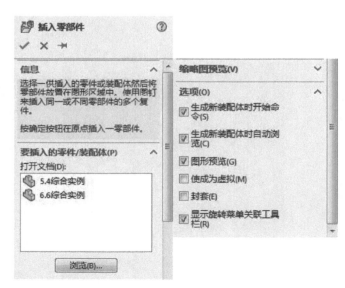

图 7-1 【插入零部件】属性管理器

件，则打开对话框以浏览要插入的零部件。

【图形预览】：在图形区域中显示所选文件的预览。

【使成为虚拟】：使零部件成为虚拟零件。

【封套】：使零部件成为封套零部件。

【显示旋转菜单关联工具栏】：在插入组件时，显示【旋转】关联工具栏。

在图形区域中单击，将零部件添加到装配体。在默认情况下，装配体中的第一个零部件是固定的，但是可以随时使之浮动。

2. 配合属性管理器

单击【装配体】工具栏中的 🔗【配合】按钮，或者选择菜单栏中【插入】|【配合】命令，弹出【配合】属性管理器，如图 7-2 所示。

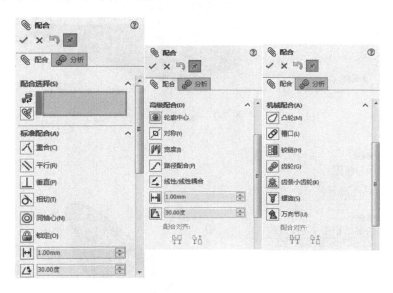

图 7-2　【配合】属性管理器

7.1.2　标准装配

1. 重合

【重合】：将所选面、边线及基准面定位，使它们共享同一个基准面。选择【文件】|【新建】菜单命令，单击 📦【装配体】按钮。选择【插入】|【零部件】|【现有零件 / 装配体】菜单命令，打开需要装配设计的零件 / 装配体。单击【装配体】工具栏中的 🔗【配合】按钮，单击【配合】属性管理器【标准配合】选项组的 ⊿【重合】按钮，弹出【重合】属性管理器。单击【配合选择】选择框，在图形区域选择如图 7-3 所示的面，其他保持默认，单击 ✓【确认】按钮，完成重合配合。

2. 平行

【平行】：放置所选项，使它们彼此间保持等间距。选择【文件】|【新建】菜单命令，单击 📦【装配体】按钮。选择【插入】|【零部件】|【现有零件 / 装配体】菜单命令，打开需要装配设计的零件 / 装配体。单击【装配体】工具栏中的 🔗【配合】按钮，单击【配合】

属性管理器【标准配合】选项组的◎【平行】按钮，弹出【平行】属性管理器。单击【配合选择】选择框，在图形区域选择如图 7-4 所示的面，其他保持默认，单击 ✓【确认】按钮，完成平行配合。

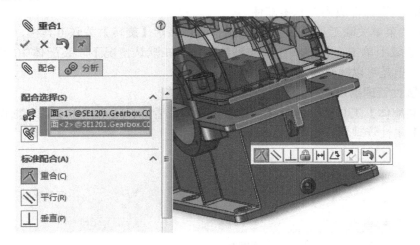

图 7-3　重合配合

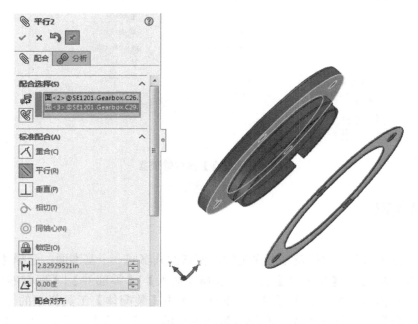

图 7-4　平行配合

3. 垂直

　　【垂直】：将所选实体以相互垂直的方式放置。选择【文件】|【新建】菜单命令，单击⬚【装配体】按钮。选择【插入】|【零部件】|【现有零件 / 装配体】菜单命令，打开需要装配设计的零件 / 装配体。单击【装配体】工具栏中的◎【配合】按钮，单击【配合】属性管理器【标准配合】选项组的⬛【垂直】按钮，弹出【垂直】属性管理器。单击【配合

选择】选择框，在图形区域选择如图 7-5 所示的线与面，其他保持默认，单击 ✓【确认】按钮，完成垂直配合。

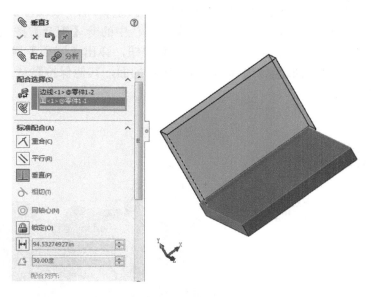

图 7-5　垂直配合

4. 相切

【相切】：将所选项以彼此相切的方式放置。选择【文件】|【新建】菜单命令，单击 🗊【装配体】按钮。选择【插入】|【零部件】|【现有零件 / 装配体】菜单命令，打开需要装配设计的零件 / 装配体。单击【装配体】工具栏中的 🗍【配合】按钮，单击【配合】属性管理器【标准配合】选项组的 ⊘【相切】按钮，弹出【相切】属性管理器。单击【配合选择】选择框，在图形区域选择如图 7-6 所示的线与面，其他保持默认，单击 ✓【确认】按钮，完成相切配合。

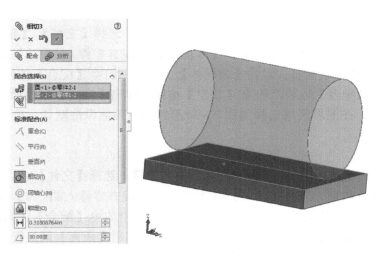

图 7-6　相切配合

5. 同轴心

【同轴心】：将所选项以共享同一中心线的方式放置。选择【文件】|【新建】菜单命令，单击 🔩【装配体】按钮。选择【插入】|【零部件】|【现有零件/装配体】菜单命令，打开需要装配设计的零件/装配体。单击【装配体】工具栏中的 🔗【配合】按钮，单击【配合】属性管理器【标准配合】选项组的 ◎【同轴心】按钮，弹出【同心】属性管理器。单击【配合选择】选择框，在图形区域选择如图 7-7 所示的面，其他保持默认，单击 ✔【确认】按钮，完成同轴心配合。

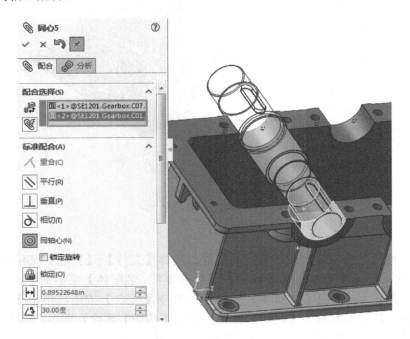

图 7-7　同轴心配合

6. 锁定

【锁定】：保持两个零部件之间的相对位置和方向。选择【文件】|【新建】菜单命令，单击 🔩【装配体】按钮。选择【插入】|【零部件】|【现有零件/装配体】菜单命令，打开需要装配设计的零件/装配体。单击【装配体】工具栏中的 🔗【配合】按钮，单击【配合】属性管理器【标准配合】选项组的 🔒【锁定】按钮，弹出【锁定】属性管理器。单击【配合选择】选择框，在图形区域选择如图 7-8 所示的面，其他保持默认，单击 ✔【确认】按钮，完成锁定配合。

7. 距离

【距离】：将所选项以指定彼此间的距离的方式放置。选择【文件】|【新建】菜单命令，单击 🔩【装配体】按钮。选择【插入】|【零部件】|【现有零件/装配体】菜单命令，打开需要装配设计的零件/装配体。单击【装配体】工具栏中的 🔗【配合】按钮，单击【配合】属性管理器【标准配合】选项组的 🔣【距离】按钮，弹出【距离】属性管理器。单击【配合选择】选择框，在图形区域选择如图 7-9 所示的面，其他保持默认，单击 ✔【确认】按钮，完成距离配合。

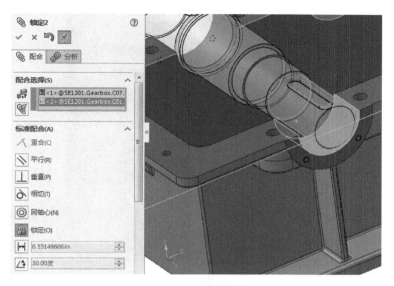

图 7-8　锁定配合

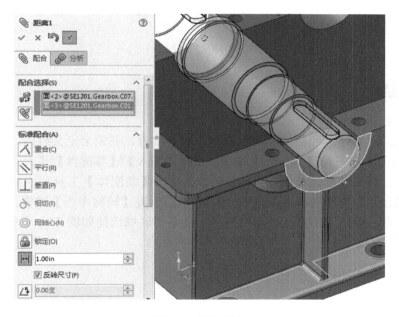

图 7-9　距离配合

8. 角度

【角度】：将所选项以指定彼此间角度的方式放置。选择【文件】|【新建】菜单命令，单击 【装配体】按钮。选择【插入】|【零部件】|【现有零件 / 装配体】菜单命令，打开需要装配设计的零件 / 装配体。单击【装配体】工具栏中的 【配合】按钮，单击【配合】属性管理器【标准配合】选项组的 【角度】按钮，弹出【角度】属性管理器。单击【配合选择】选择框，在图形区域选择如图 7-10 所示的面，其他保持默认，单击 【确认】按钮，完成角度配合。

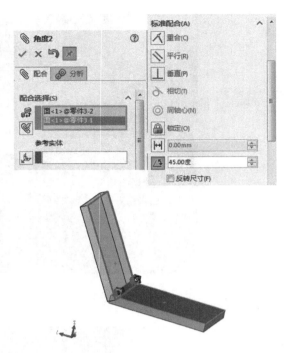

图 7-10　角度配合

7.1.3　高级装配

1. 轮廓中心

【轮廓中心】：将矩形和圆形轮廓互相中心对齐放置，并完全定义组件。选择【文件】|【新建】菜单命令，单击🗊【装配体】按钮。选择【插入】|【零部件】|【现有零件/装配体】菜单命令，打开需要装配设计的零件/装配体。单击【装配体】工具栏中的🖉【配合】按钮，单击【配合】属性管理器【高级配合】选项组的◉【轮廓中心】按钮，弹出【轮廓中心】属性管理器。单击【配合选择】选择框，在图形区域选择如图 7-11 所示的面，其他保持默认，单击✔【确认】按钮，完成轮廓中心对齐配合。

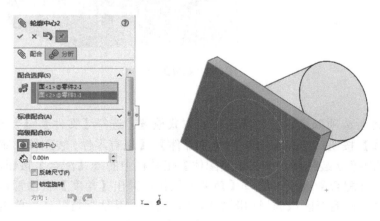

图 7-11　轮廓中心对齐配合

2. 对称

【对称】：将两个相同实体绕基准面或平面对称放置。选择【文件】|【新建】菜单命令，单击 🗔【装配体】按钮。选择【插入】|【零部件】|【现有零件 / 装配体】菜单命令，打开需要装配设计的零件 / 装配体。单击【装配体】工具栏中的 🔗【配合】按钮，单击【配合】属性管理器【高级配合】选项组的 ☑【对称】按钮，弹出【对称】属性管理器。单击【配合选择】选择框，在图形区域选择如图 7-12 所示的面，其他保持默认，单击 ✓【确认】按钮，完成对称配合。

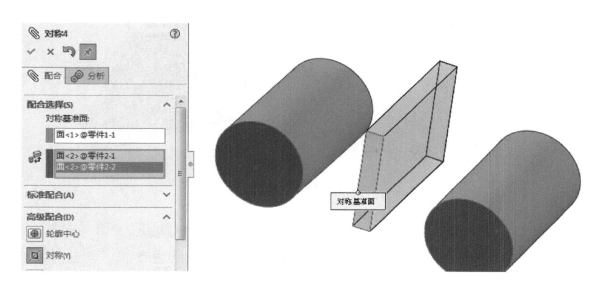

图 7-12　对称配合

3. 宽度

【宽度】：将标签置于凹槽宽度内。选择【文件】|【新建】菜单命令，单击 🗔【装配体】按钮。选择【插入】|【零部件】|【现有零件 / 装配体】菜单命令，打开需要装配设计的零件 / 装配体。单击【装配体】工具栏中的 🔗【配合】按钮，单击【配合】属性管理器【高级配合】选项组的 🗔【宽度】按钮，弹出【宽度】属性管理器。单击【配合选择】选择框，在图形区域选择如图 7-13 所示的面，其他保持默认，单击 ✓【确认】按钮，完成宽度配合。

4. 路径配合

【路径配合】：将零件上所选的点约束到路径。选择【文件】|【新建】菜单命令，单击 🗔【装配体】按钮。选择【插入】|【零部件】|【现有零件 / 装配体】菜单命令，打开需要装配设计的零件 / 装配体。单击【装配体】工具栏中的 🔗【配合】按钮，单击【配合】属性管理器【高级配合】选项组的 🗔【路径配合】按钮，弹出【路径配合】属性管理器。单击【配合选择】选择框，在图形区域选择如图 7-14 所示的线与点，【俯仰 / 偏航控制】选择【随路径变化】，并选中 ■○▼选项，【滚转控制】选择【上向量】，【上向量】选择【前视基准面】，其他保持默认，单击 ✓【确认】按钮，完成路径配合。

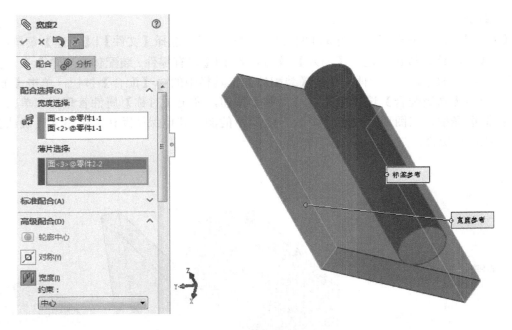

图 7-13　宽度配合

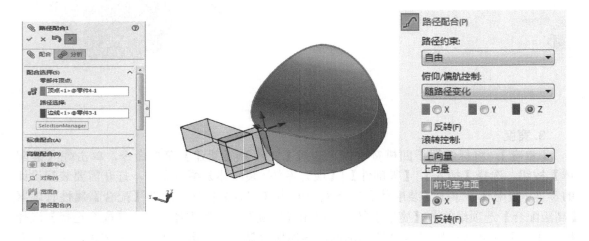

图 7-14　路径配合

5. 线性 / 线性耦合

【线性 / 线性耦合】：在一个零部件的平移和另一个零部件的平移之间建立比率关系，即当一个零部件平移时，另一个零部件也会成比例地平移。选择【文件】|【新建】菜单命令，单击 【装配体】按钮。选择【插入】|【零部件】|【现有零件 / 装配体】菜单命令，打开需要装配设计的零件 / 装配体。单击【装配体】工具栏中的 【配合】按钮，单击【配合】属性管理器【高级配合】选项组的 【线性 / 线性耦合】按钮，弹出【线性 / 线性耦合】属性管理器。单击【配合选择】选择框，在图形区域选择如图 7-15 所示的面，【比率】设置为"4.00mm"："1.00mm"（即 4：1），其他保持默认，单击 【确认】按钮，完成线性 / 线

性耦合配合。

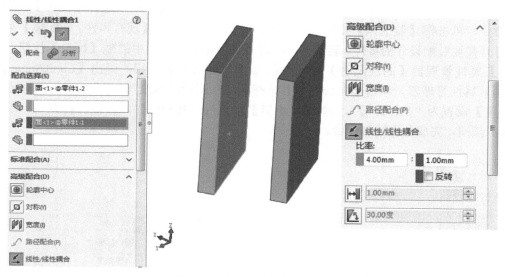

图 7-15 线性 / 线性耦合配合

6. 距离限制

【距离限制】：允许零部件在距离配合的一定数值范围内移动。选择【文件】|【新建】菜单命令，单击 🗐【装配体】按钮。选择【插入】|【零部件】|【现有零件 / 装配体】菜单命令，打开需要装配设计的零件 / 装配体。单击【装配体】工具栏中的 🔗【配合】按钮，单击【配合】属性管理器【高级配合】选项组的 ⊢⊣【距离限制】按钮，弹出【LimitDistance】（距离限制）属性管理器。单击【配合选择】选择框，在图形区域选择如图 7-16 所示的面，Ⅰ【最大值】设置为 "100in"，⚬【最小值】设置为 "4.90in"，其他保持默认，单击 ✓【确认】按钮，完成距离限制配合。

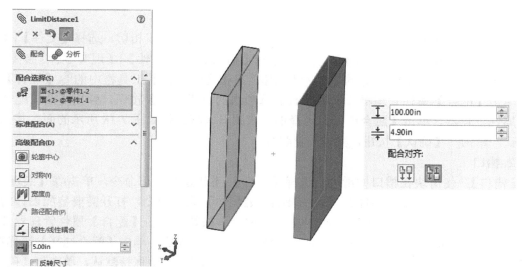

图 7-16 距离限制配合

7. 角度限制

【角度限制】：允许零部件在角度配合的一定数值范围内移动。选择【文件】|【新建】菜单命令，单击 【装配体】按钮。选择【插入】|【零部件】|【现有零件／装配体】菜单命令，打开需要装配设计的零件／装配体。单击【装配体】工具栏中的 【配合】按钮，单击【配合】属性管理器【高级配合】选项组的 【角度限制】按钮，弹出【LimitAngle】（角度限制）属性管理器。单击【配合选择】选择框，在图形区域选择如图 7-17 所示的面，【最大值】设置为"120.00 度"，【最小值】设置为"30.00 度"，其他保持默认，单击 【确认】按钮，完成角度限制配合。

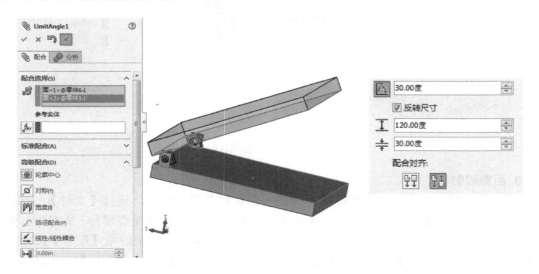

图 7-17　角度限制配合

7.1.4　机械装配

1. 凸轮

【凸轮】：使圆柱、基准面或点与一系列相切的拉伸面重合或相切。选择【文件】|【新建】菜单命令，单击 【装配体】按钮。选择【插入】|【零部件】|【现有零件／装配体】菜单命令，打开需要装配设计的零件／装配体。单击【装配体】工具栏中的 【配合】按钮，单击【配合】属性管理器【机械配合】选项组的 【凸轮】按钮，弹出【凸轮配合相切】属性管理器。单击【配合选择】选择框，在图形区域选择如图 7-18 所示的面，其他保持默认，单击 【确认】按钮，完成凸轮配合。

2. 槽口

【槽口】：使滑块在槽口中滑动。选择【文件】|【新建】菜单命令，单击 【装配体】按钮。选择【插入】|【零部件】|【现有零件／装配体】菜单命令，打开需要装配设计的零件／装配体。单击【装配体】工具栏中的 【配合】按钮，单击【配合】属性管理器【机械配合】选项组的 【槽口】按钮，弹出【槽口】属性管理器。单击【配合选择】选择框，在图形区域选择如图 7-19 所示的面，【约束】选择【自由】，其他保持默认，单击 【确认】按钮，完成槽口配合。

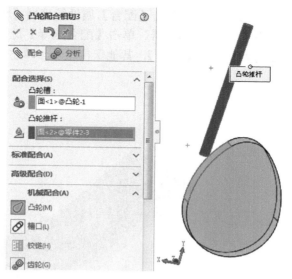

图 7-18　凸轮配合

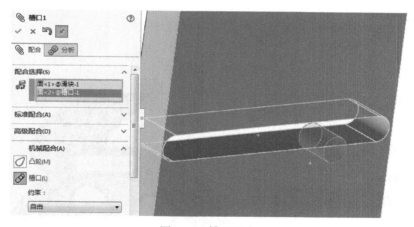

图 7-19　槽口配合

3. 铰链

【铰链】：将两个零部件之间的移动限制在一定的旋转范围内。选择【文件】|【新建】菜单命令，单击 【装配体】按钮。选择【插入】|【零部件】|【现有零件 / 装配体】菜单命令，打开需要装配设计的零件 / 装配体。单击【装配体】工具栏中的 【配合】按钮，单击【配合】属性管理器【机械配合】选项组的 【铰链】按钮，弹出【铰链】属性管理器。单击【配合选择】选择框，在图形区域选择如图 7-20 所示的面， 【最大值】设置为 "120.00 度"， 【最小值】设置为 "32.00 度"，其他保持默认，单击 【确认】按钮，完成铰链配合。

4. 齿轮

【齿轮】：使两个零部件绕所选轴相对旋转。齿轮配合的有效旋转轴包括圆柱面、圆锥面、轴和线性边线。选择【文件】|【新建】菜单命令，单击 【装配体】按钮。选择【插入】|【零部件】|【现有零件 / 装配体】菜单命令，打开需要装配设计的零件 / 装配体。单击

【装配体】工具栏中的 🔗【配合】按钮，单击【配合】属性管理器【机械配合】选项组的 🔗
【齿轮】按钮，弹出【齿轮配合】属性管理器。单击【配合选择】选择框，在图形区域选择
如图 7-21 所示的面，在【约束】选择【自由】，其他保持默认，单击 ✓【确认】按钮，完成
齿轮配合。

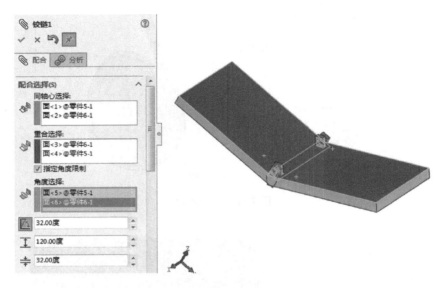

图 7-20　铰链配合

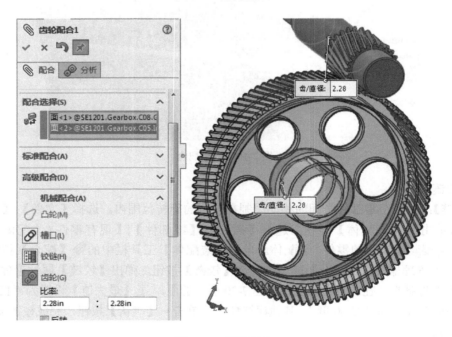

图 7-21　齿轮配合

5. 齿条小齿轮

【齿条小齿轮】：放置齿条和小齿轮，使一个零部件（齿条）的线性平移会引起另一零

部件（小齿轮）的圆周旋转，反之亦然。选择【文件】|【新建】菜单命令，单击 🗔 【装配体】按钮。选择【插入】|【零部件】|【现有零件/装配体】菜单命令，打开需要装配设计的零件/装配体。单击【装配体】工具栏中的 🗞 【配合】按钮，单击【配合】属性管理器【机械配合】选项组的 🔩 【齿条小齿轮】按钮，弹出【RackPinionMate】（齿条小齿轮配合）属性管理器。单击【配合选择】选择框，在图形区域选择如图 7-22 所示的线，其他保持默认，单击 ✓ 【确认】按钮，完成齿条小齿轮配合。

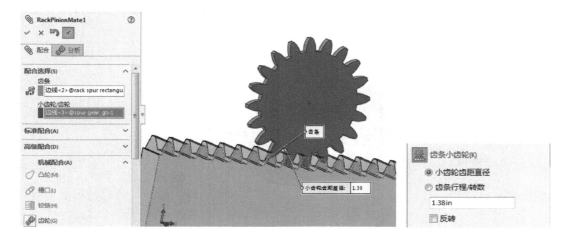

图 7-22　齿条小齿轮配合

6. 螺旋

【螺旋】：将两个零部件约束为同心，还在一个零部件的旋转和另一个零部件的平移之间添加纵倾几何关系。选择【文件】|【新建】菜单命令，单击 🗔 【装配体】按钮。选择【插入】|【零部件】|【现有零件/装配体】菜单命令，打开需要装配设计的零件/装配体。单击【装配体】工具栏中的 🗞 【配合】按钮，单击【配合】属性管理器【机械配合】选项组的 🔩【螺旋】按钮，弹出【螺旋】属性管理器。单击【配合选择】选择框，在图形区域选择如图7-23 所示的面，其他保持默认，单击 ✓ 【确认】按钮，完成螺旋配合。

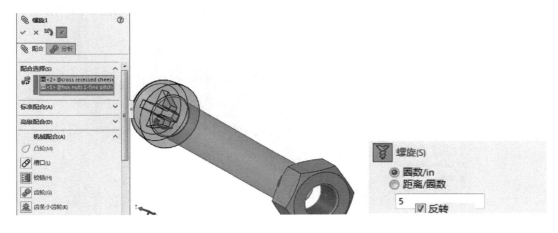

图 7-23　螺旋配合

7. 万向节

【万向节】：放置两轴，使一个零部件（输出轴）绕自身轴的旋转是由另一个零部件（输入轴）绕其轴的旋转驱动的。选择【文件】|【新建】菜单命令，单击 ⬜ 【装配体】按钮。选择【插入】|【零部件】|【现有零件/装配体】菜单命令，打开需要装配设计的零件/装配体。单击【装配体】工具栏中的 ◈ 【配合】按钮，单击【配合】属性管理器【机械配合】选项组的 🔧 【万向节】按钮，弹出【万向节】属性管理器。单击【配合选择】选择框，在图形区域选择如图 7-24 所示的面，其他保持默认，单击 ✓ 【确认】按钮，完成万向节配合。

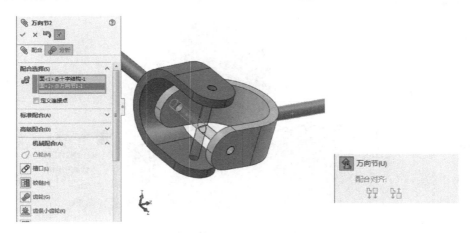

图 7-24　万向节配合

7.2　爆炸视图

可以通过自动爆炸或一个零部件一个零部件地爆炸来生成装配体的爆炸视图。装配体可在正常视图和爆炸视图之间切换。

1）单击【装配体】工具栏中的 🔩 【爆炸视图】按钮，弹出【爆炸】属性管理器。单击 ⬜ 【爆炸步骤的实体】选择框，在图形区域中选择该爆炸步骤的零件，如图 7-25 所示。

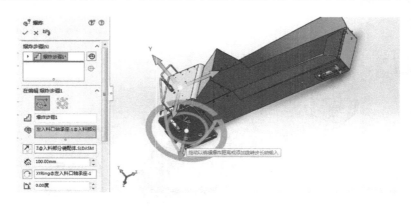

图 7-25　【爆炸】属性管理器及特征预览

2）拖动并放置一个移动操纵杆的轴。沿 Z 轴正向拖动，用标尺确定移动距离，设置 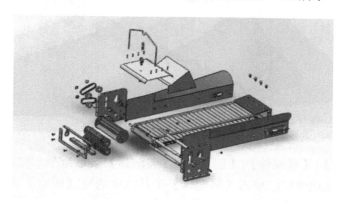【爆炸距离】为"100.00mm"。

3）在图形区域的空白处单击。完成的爆炸步骤出现在【爆炸步骤】列表中。

4）对零件一一进行生成爆炸视图的操作，最后效果如图 7-26 所示。

图 7-26　爆炸视图

7.3　综合实例 7-1

实例 7-1

应用多种装配命令，完成铡草机的链板输送带的装配。

1）选择【文件】|【新建】菜单命令，单击【装配体】按钮。选择【插入】|【零部件】|【现有零件 / 装配体】菜单命令，打开"实例模型 / 实例 7-1/ 链节 .SLDPRT"和"实例模型 / 实例 7-1/ 实例 5.5.SLDPRT"。单击【装配体】工具栏中的 ⊘【配合】按钮，单击【标准配合】选项组的 ◎【同轴心】按钮，弹出【同心】属性管理器。单击【配合选择】选择框，在图形区域选择如图 7-27 所示的链节的圆柱面，其他保持默认，单击 ✓【确认】按钮，完成链节的同轴心配合。按照此操作装配形成如图 7-28 所示的铰链。

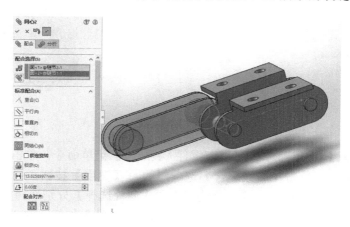

图 7-27　同轴心配合

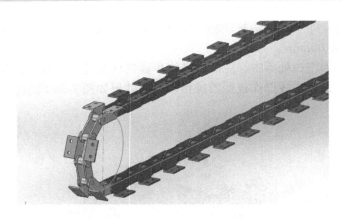

图 7-28　铰链

2）选择【插入】|【零部件】|【现有零件 / 装配体】菜单命令，打开"实例模型 / 实例 7-1/ 实例 7.1 链轮 .SLDPRT"。单击【装配体】工具栏中的 ⊗【配合】按钮，单击【标准配合】选项组的 ◎【同轴心】按钮，弹出【同心】属性管理器。单击【配合选择】选择框，在图形区域选择如图 7-29 所示的链轮的圆柱面和铰链上的圆弧草图（圆弧草图请参考视频自行绘制，此处不再叙述），其他保持默认，单击 ✔【确认】按钮，完成链轮与铰链的同轴心配合。

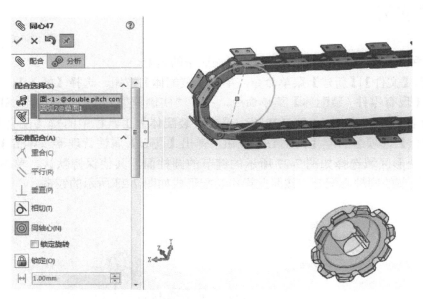

图 7-29　同轴心配合

3）选择【插入】|【零部件】|【现有零件 / 装配体】菜单命令，单击【装配体】工具栏中的 ⊗【配合】按钮，单击【高级配合】选项组的 ⋒【宽度】按钮，弹出【宽度】属性管理器。在【配合选择】选项组中，【宽度选择】和【薄片选择】分别选择如图 7-30 所示的链轮的两个面和链节的两个面，其他保持默认，单击 ✔【确认】按钮，完成宽度配合，即齿轮与铰链的位置的对正。

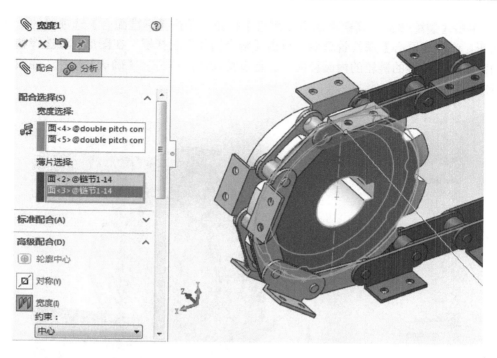

图 7-30　宽度配合

4）单击【装配体】工具栏中的 ⊛【配合】按钮，单击【机械配合】选项组的 ⊞【齿条小齿轮】按钮，弹出【RackPinionMate】（齿条小齿轮配合）属性管理器。在【配合选择】选项组中，【齿条】和【小齿轮 / 齿轮】分别选择如图 7-31 所示的线草图和链轮边线，其他保持默认，单击 ✓【确认】按钮，完成齿轮与铰链的配合。

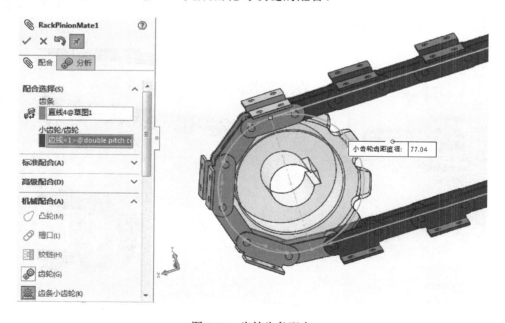

图 7-31　齿轮齿条配合

5）单击【装配体】工具栏中的 📎【配合】按钮，单击【标准配合】选项组的 ◎【同轴心】按钮，弹出【同心】属性管理器。单击【配合选择】选择框，在图形区域选择如图 7-32 所示的两条对称铰链的链轮的内圆柱面，其他保持默认，单击 ✓【确认】按钮，完成两条对称铰链的同轴心配合。

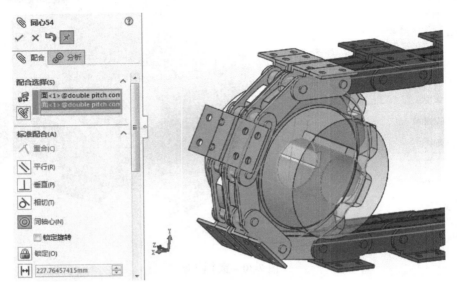

图 7-32　同轴心配合

6）单击【装配体】工具栏中的 📎【配合】按钮，单击【标准配合】选项组的 ⊞【距离】按钮，弹出【距离】属性管理器。单击【配合选择】选择框，在图形区域选择如图 7-33 所示的两条对称铰链的链轮的端面，输入合适距离，其他保持默认，单击 ✓【确认】按钮，完成两条对称铰链的距离配合。

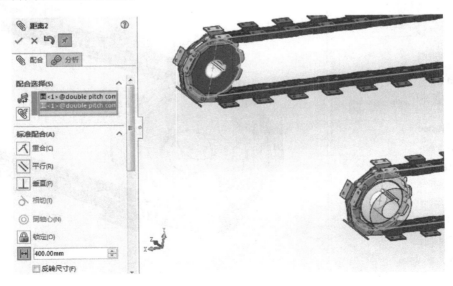

图 7-33　距离配合

7）选择【插入】|【零部件】|【现有零件/装配体】菜单命令，打开"实例模型/实例 7-1/主动轴.SLDPRT"。单击【装配体】工具栏中的 ✎ 【配合】按钮，单击【标准配合】选项组的 ◎ 【同轴心】按钮，弹出【同心】属性管理器。单击【配合选择】选择框，在图形区域选择如图 7-34 所示的主动轴的外圆柱面和链轮的内圆柱面，其他保持默认，单击 ✓ 【确认】按钮，完成传动轴与铰链的同轴心配合。

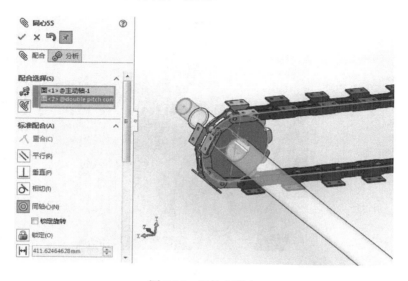

图 7-34　同轴心配合

8）单击【装配体】工具栏中的 ✎ 【配合】按钮，单击【标准配合】选项组的 ⟋ 【重合】按钮，弹出【重合】属性管理器。单击【配合选择】选择框，在图形区域选择如图 7-35 所示的主动轴的端面和链轮的端面，其他保持默认，单击 ✓ 【确认】按钮，完成重合配合，传动轴安装完毕。

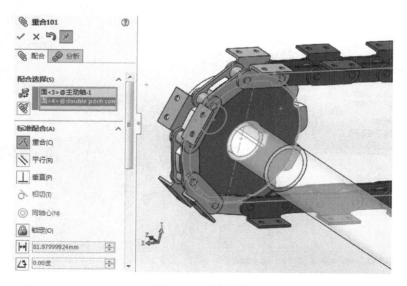

图 7-35　重合配合

9）选择【插入】|【零部件】|【现有零件/装配体】菜单命令，打开"实例模型/实例7-1/链板.SLDPRT"。单击【装配体】工具栏中的🔗【配合】按钮，单击【标准配合】选项组的⊼【重合】按钮，弹出【重合】属性管理器。单击【配合选择】选择框，在图形区域选择如图7-36所示的链板的端面和链节的侧面，其他保持默认，单击 ✓ 【确认】按钮，完成重合配合。

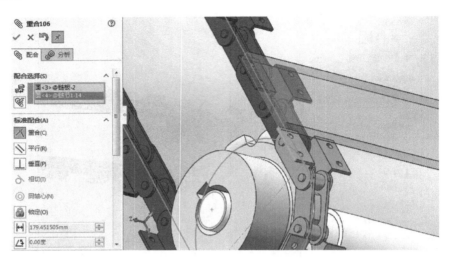

图 7-36　重合配合

10）单击【装配体】工具栏中的🔗【配合】按钮，单击【高级配合】选项组的🔲【宽度】按钮，弹出【宽度】属性管理器，在【配合选择】选项组中，【宽度选择】和【薄片选择】分别选择如图7-37所示的链板的两侧面和链节的两侧面，其他保持默认，单击 ✓ 【确认】按钮，完成宽度配合，即链板位置的对正。

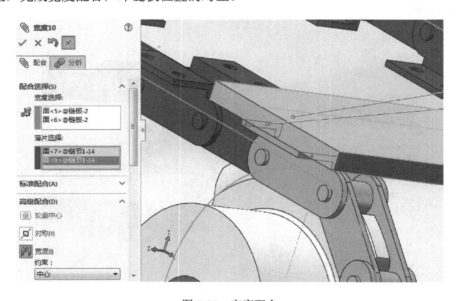

图 7-37　宽度配合

11）按照上述操作再结合视频中的阵列操作等即可完成链板输送带的装配，如图 7-38 所示。

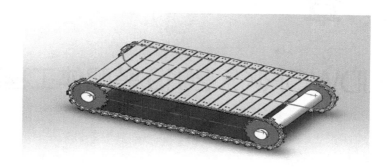

图 7-38   装配链板运送带

7.4   习题

进行内角螺栓的装配，实现如图 7-39 所示效果（提示：采用同心配合与距离配合或螺旋配合）。

图 7-39   内角螺栓

第8章

SOLIDWORKS 2019 装配体工程图设计

工程图设计是 SOLIDWORKS 软件三大功能之一。工程图文件是 SOLIDWORKS 设计文件的一种。在一个 SOLIDWORKS 工程图文件中，可以包含多张图样，也就是可以利用同一个文件生成一个零件的多张图样或者多个零件的工程图。本章主要介绍工程图基本设置、建立工程视图、标注尺寸，以及添加注释。

8.1 图纸常识

8.1.1 图纸格式的设置

1. 标准图纸格式

SOLIDWORKS 提供了各种标准图纸大小的图纸格式。单击【标准】工具栏中的 ▢ 【新建】按钮，选择 ▦ 【工程图】并单击【确定】按钮，弹出【图纸格式 / 大小】属性管理器，如图 8-1 所示。图纸大小可以在【标准图纸大小】列表框中进行选择。单击【浏览】按钮，可以加载用户自定义的图纸格式。

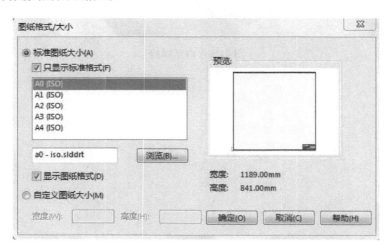

图 8-1 【图纸格式 / 大小】属性管理器

2. 无图纸格式

【自定义图纸大小】选项可以定义无图纸格式，即选择无边框、无标题栏的空白图纸。选择此选项时需指定纸张大小，也可以自己定义格式，如图 8-2 所示。

3. 适用图纸格式的操作方法

1）单击【标准】工具栏中的 ▯【新建】按钮，选择 ▨【工程图】并单击【确定】按钮，弹出【图纸格式 / 大小】属性管理器，选中【标准图纸大小】单选项，在列表框中选择【A1】选项，单击【确定】按钮，如图 8-3 所示。

2）在【特征管理器设计树】中单击 ▧【取消】按钮，在图形区域中即可出现 A1 格式的图纸，如图 8-4 所示。

图 8-2　【图纸格式 / 大小】属性管理器

图 8-3　【图纸格式 / 大小】属性管理器

图 8-4　A1 格式图纸

8.1.2　标准三视图

标准三视图可以生成三个相关的默认正交视图（前视、右视、左视、上视、下视和后视），其中主视图方向为零件或装配体的前视，其他两个视图依照投影方法的不同而不同。

在标准三视图中，主视图、俯视图及左视图有固定的对齐关系。主视图与俯视图长度方向对齐,主视图与左视图高度方向对齐,俯视图与左视图宽度相等。俯视图可以竖直移动,左视图可以水平移动。

生成标准三视图的操作方法如下。

1)新建一张空白 A3 格式的工程图。

2)单击【工程图】工具栏中的🔲【标准三视图】按钮,或者选择【插入】|【工程视图】|【标准三视图】菜单命令,弹出【标准三视图】属性管理器,单击【浏览】按钮打开一个零件文件,工程图中出现了三视图,如图 8-5 所示。

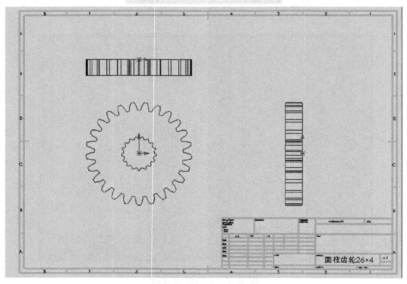

图 8-5 创建标准三视图

8.1.3 投影视图

投影视图是根据已有视图利用正交投影生成的视图。投影视图的投影方法是根据在【图纸属性】属性管理器中所设置的第一视角或第三视角投影类型而确定。

1. 投影视图的属性设置

单击【工程图】工具栏中的 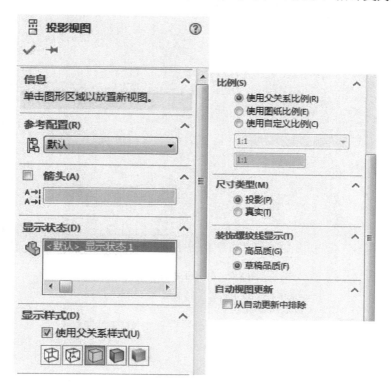 【投影视图】按钮，或者选择【插入】|【工程视图】|【投影视图】菜单命令，弹出【投影视图】属性管理器，如图 8-6 所示，指针变为 形状。

图 8-6 【投影视图】属性管理器

（1）【箭头】选项组

【标号】：设置按相应父视图的投影方向得到的投影视图的名称。

（2）【显示样式】选项组

【使用父关系样式】：取消选择此选项，可以选择与父视图不同的显示样式。显示样式包括 【线架图】、 【隐藏线可见】、 【消除隐藏线】、 【带边线上色和 【上色】。

（3）【比例】选项组

【使用父关系比例】：可以应用为父视图所使用的相同比例。

【使用图纸比例】：可以应用为工程图图纸所使用的相同比例。

【使用自定义比例】：可以根据需要应用自定义的比例。

2. 生成投影视图的操作方法

1）打开一张带有模型的工程图，如图 8-7 所示。

2）单击【工程图】工具栏中的 【投影视图】按钮，或者选择【插入】|【工程视图】|【投影视图】菜单命令，出现【投影视图】属性管理器，点选要投影的视图，移动光标到视图放置，如图 8-8 所示。

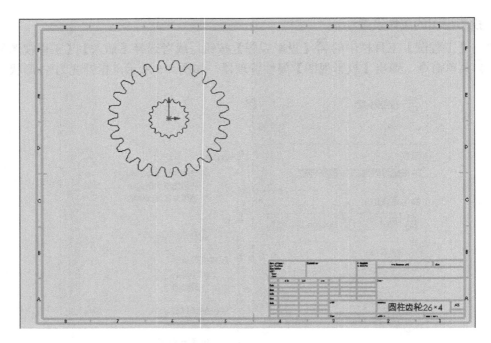

图 8-7　打开工程图文件

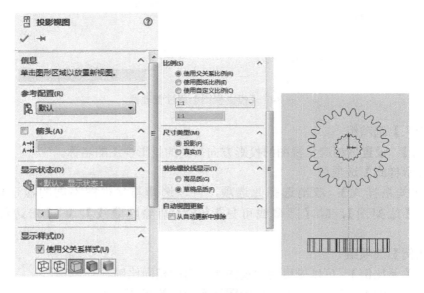

图 8-8　创建投影视图

8.1.4　剖面视图

剖面视图是通过一条剖切线切割父视图而生成，属于派生视图，可以显示模型内部的形状和尺寸。剖面视图可以是剖切面或是用阶梯剖切线定义的等距剖面视图，并可以生成半剖视图。

1. 剖面视图的属性设置

单击【工程图】工具栏中的 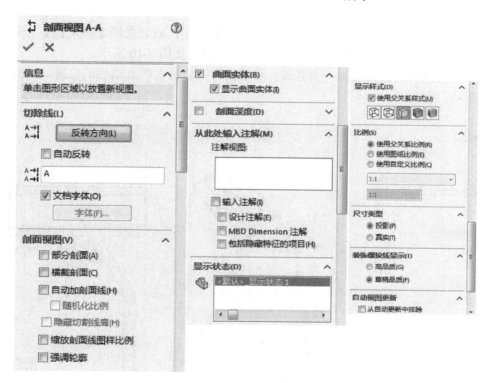【剖面视图】按钮，或者选择【插入】|【工程视图】|【剖面视图】菜单命令，弹出【剖面视图】属性管理器，如图 8-9 所示。

图 8-9　【剖面视图】属性管理器

（1）【切除线】选项组

【反转方向】：反转剖切的方向。

【标号】：编辑与剖切线或者剖面视图相关的字母。

【字体】：可以为剖切线或者剖面视图相关字母选择其他字体。

（2）【剖面视图】选项组

【部分剖面】：当剖切线没有完全切透视图中模型的边框线时，会弹出剖切线小于视图几何体的提示信息，并询问是否生成局部剖视图。

【横截剖面】：只有被剖切线切除的面出现在剖面视图中。

【自动加剖面线】：勾选此选项，系统可以自动添加必要的剖面（切）线。

（3）【曲面实体】选项组

【显示曲面实体】：选择此选项以显示曲面实体。

（4）【剖面深度】选项组

【深度】：设置剖切深度数值。

【深度参考】：为剖切深度选择边线或基准轴。

（5）【从此处输入注解】选项组

【注解视图】：选择要输入注解的视图。

【输入注解】：输入关于模型有关尺寸注解。

2. 生成剖面视图的操作方法

1）打开一张带有模型的工程图。

2）单击【工程图】工具栏中的 ⊐ 【剖面视图】按钮，或者选择【插入】|【工程视图】|【剖面视图】菜单命令，弹出【剖面视图】属性管理器，如图 8-10 所示。

3）在需要剖切的位置绘制一条直线，移动指针，放置视图到适当的位置，得到剖面视图，如图 8-11 所示。

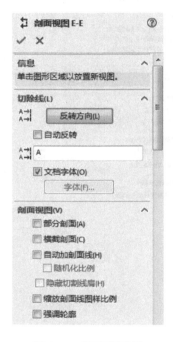

图 8-10 【剖面视图】
属性管理器

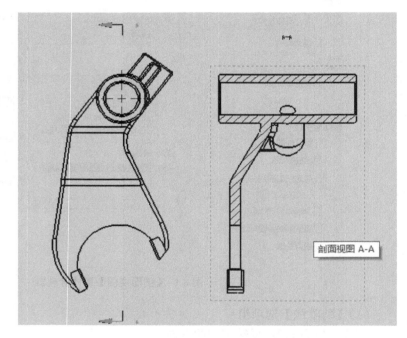

图 8-11 创建剖面视图

8.1.5 辅助视图

辅助视图类似于投影视图，它的投影方向垂直于所选视图的参考边线，但参考边线一般不能为水平线或竖直线，否则生成的就是投影视图。辅助视图相当于技术制图表达方法中的斜视图，可以用来表达零件的倾斜结构。

生成辅助视图的操作方法如下所述。

1）打开一张带有模型的工程图，如图 8-12 所示。

2）单击【工程图】工具栏中的 ⊗ 【辅助视图】按钮，或者选择【插入】|【工程视图】|【辅助视图】菜单命令，出现【辅助视图】属性管理器。单击参考视图的边线（参考边线不可以是水平或竖直的边线，否则生成的就是标准投影视图），移动指针，放置视图到适当的位置，如图 8-13 所示。

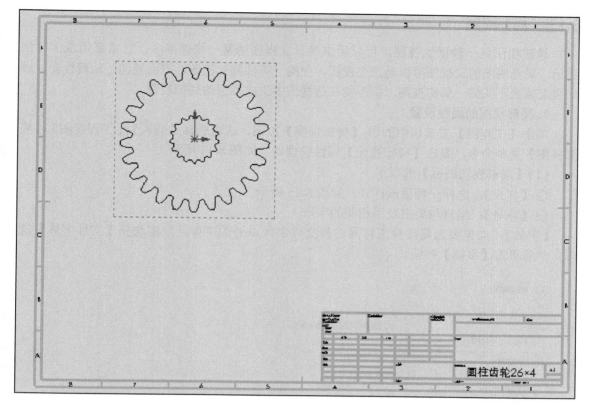

图 8-12　打开工程图文件

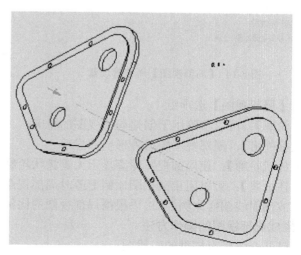

图 8-13　创建辅助视图

8.1.6　局部视图

局部视图是一种派生视图，可以用来显示父视图的某一局部形状，通常采用放大比例显示。局部视图的父视图可以是正交视图、空间（等轴测）视图、剖面视图、裁剪视图、爆炸装配体视图或另一局部视图，但不能在透视图中生成模型的局部视图。

1. 局部视图的属性设置

单击【工程图】工具栏中的 Ⓐ【局部视图】按钮，或者选择【插入】|【工程视图】|【局部视图】菜单命令，弹出【局部视图】属性管理器，如图 8-14 所示。

（1）【局部视图图标】选项组

Ⓐ【样式】：选择一种显示样式，如图 8-15 所示。

Ⓐ【标号】：编辑与局部视图相关的字母。

【字体】：如果要为局部视图标号选择文件字体以外的字体，取消选择【文件字体】选项，然后单击【字体】按钮。

图 8-14　【局部视图】属性管理器　　　　　　　图 8-15　【样式】选项

（2）【局部视图】选项组

【无轮廓】：可以移除用于创建局部视图的轮廓。

【完整外形】：局部视图轮廓外形全部显示。

【锯齿状轮廓】：使局部视图轮廓显示为锯齿状轮廓。

【钉住位置】：可以阻止父视图比例更改时局部视图发生移动。

【缩放剖面线图样比例】：可以根据局部视图的比例缩放剖面线图样比例。

2. 生成局部视图的操作方法

1）打开一张带有模型的工程图。

2）单击【工程图】工具栏中的 Ⓐ【局部视图】按钮，或者选择【插入】|【工程图视

图】|【局部视图】命令，在需要局部视图的位置绘制一个圆，弹出【局部视图】属性管理器。在【比例】选项组中可以选择不同的缩放比例，这里设置为"1：2"缩小比例，如图8-16 所示。

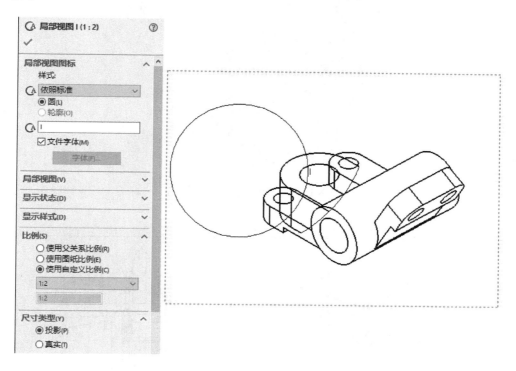

图 8-16 【局部视图】属性管理器

3）移动指针，放置视图到适当位置，得到局部视图，如图 8-17 所示。

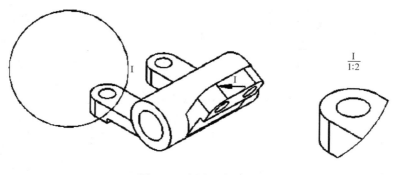

图 8-17 创建局部视图

8.2 综合实例 8-1

生成如图 8-18 所示定轴轮系模型的装配图，如图 8-19 所示。

实例 8-1

图 8-18　定轴轮系装配体模型

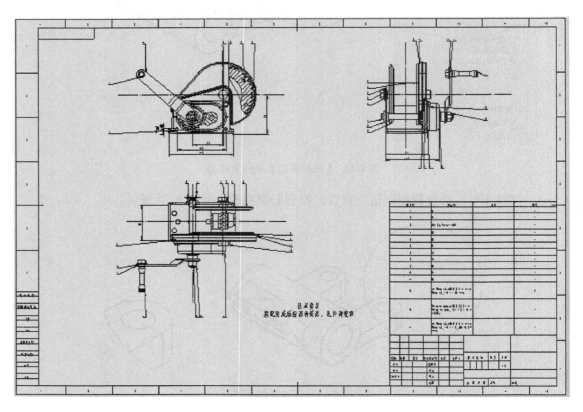

图 8-19　定轴轮系模型装配图

1. 设置图纸格式

1）单击【标准】工具栏中的 📄【新建】按钮，选择 🗔【工程图】并单击【确定】按钮，弹出【图纸格式 / 大小】属性管理器，如图 8-20 所示。

2）选中【标准图纸大小】，在列表框中选择【A2】选项，单击【确定】按钮，新建一个图纸格式为 A2 横向的工程图文件。

3）单击【确定】按钮，出现图纸，如图 8-21 所示。

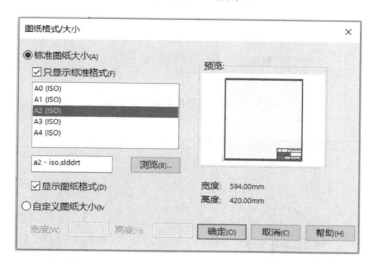

图 8-20 【图纸格式 / 大小】窗口

图 8-21 A2 图纸格式

2. 添加三视图

1）在图纸格式设置完成后，屏幕左侧出现【模型视图】属性管理器，单击【浏览】按钮添加装配体，此时选择未添加夹板的装配体，在配套资源中选择"实例模型 \ 实例 8-1\ 实例 8-1 三维图纸 \Agricultural Manual Winch.SLDASM"（打开时若出现找不到零件，可自行选择对应的"实例模型 \ 实例 8-1\ 实例 8-1 三维图纸"文件夹）。

2）在【图纸属性】属性管理器中，设置【比例】为"1"∶"2"，如图 8-22 所示。

3）单击 ✔【确认】按钮。添加完成后的三视图如图 8-23 所示。

图纸属性

图纸属性	区域参数

名称(N): 图纸1

比例(S): 1 : 2

图 8-22 【图纸属性】属性管理器

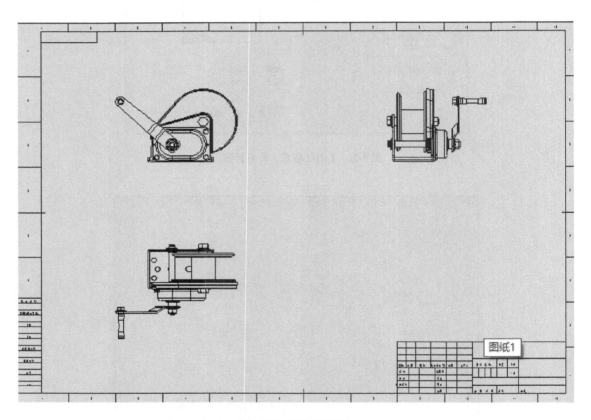

图 8-23 添加三视图

3. 添加各视图中心线

1）在【命令管理器】工具栏中选择【草图】选项卡，选择【中心线】菜单命令，如图 8-24 所示，开始绘制中心线。

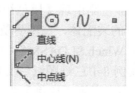

图 8-24 【中心线】菜单命令

2）在视图所需位置绘制中心线，如图 8-25 所示。

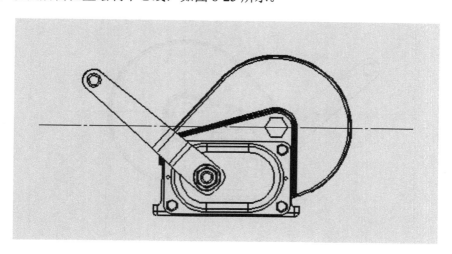

图 8-25　绘制第一条中心线

3）以同样的方式绘制其他中心线，绘制完成后如图 8-26 所示。

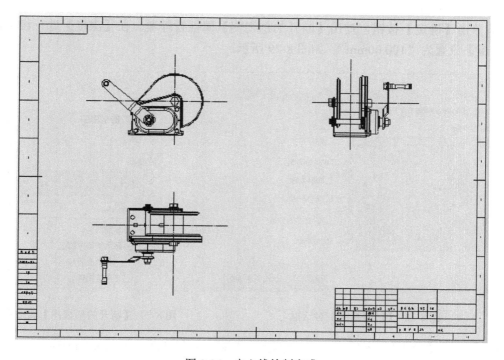

图 8-26　中心线绘制完成

4. 添加断开的剖视图

（1）添加主视图第一个断开的剖视图

1）单击【工程图】工具栏中的 【断开的剖视图】按钮，弹出【断开的剖视图】属性管理器。在主视图中绘制一条闭环样条曲线来生成截面，如图 8-27 所示。

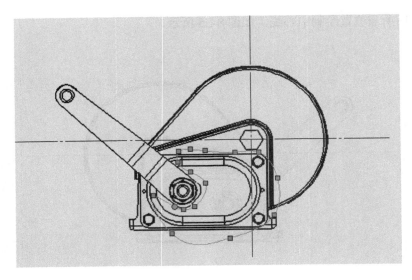

图 8-27 生成样条曲线

2）单击绘制完成的闭环样条曲线，弹出【剖面视图】对话框，勾选【自动打剖面线】
选项，如图 8-28 所示。

3）单击【确定】按钮，弹出【断开的剖视图】属性管理器。在【深度】选项组中，将
🏠【深度】设置为"100.00mm"，如图 8-29 所示。

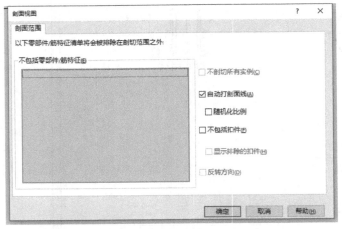

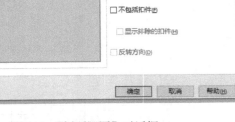

图 8-28 【剖面视图】对话框   图 8-29 【断开的剖视图】属性管理器

4）单击 ✔【确认】按钮，生成主视图第一个断开的剖视图，如图 8-30 所示。

（2）添加主视图第二个断开的剖视图

1）单击【工程图】工具栏中的 🔲【断开的剖视图】按钮，弹出【断开的剖视图】属性
管理器。在主视图中绘制一条闭环样条曲线，如图 8-31 所示。

2）单击绘制完成的闭环样条曲线，弹出【断开的剖视图】属性管理器。在【深度】选
项组中勾选【预览】选项，将 🏠【深度】设置为"120.00mm"，如图 8-32 所示。

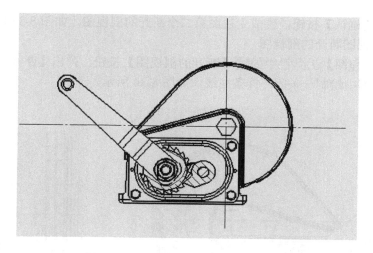

图 8-30 生成主视图第一个断开剖视图

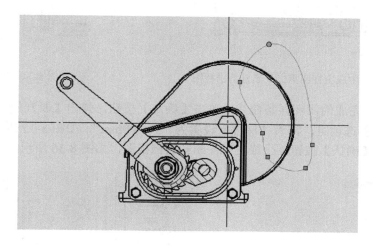

图 8-31 生成样条曲线

图 8-32 【断开的剖视图】属性管理器

3）单击 ✔ 【确认】按钮，生成主视图第二个断开的剖视图，如图 8-33 所示。

（3）添加左视图断开的剖视图

1）单击【工程图】工具栏中的 🔲 【断开的剖视图】按钮，弹出【断开的剖视图】属性管理器。在左视图中绘制一条闭环样条曲线，如图 8-34 所示。

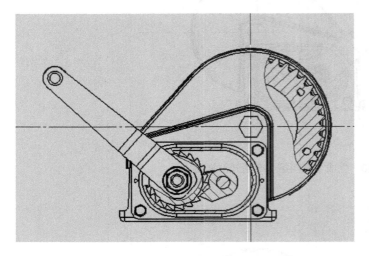

图 8-33　生成主视图第二个断开的剖视图　　　　　　图 8-34　生成样条曲线

2）单击绘制完成的闭环样条曲线，单击【确定】按钮，弹出【断开的剖视图】属性管理器。在【深度】选项组，将 🔷 【深度】设置为"105.00mm"，如图 8-35 所示。

3）单击 ✔ 【确认】按钮，生成左视图断开的剖视图，如图 8-36 所示。

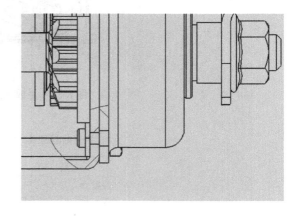

图 8-35　【断开的剖视图】属性管理器　　　　　　　图 8-36　生成左视图断开的剖视图

（4）添加俯视图断开的剖视图

1）单击【工程图】工具栏中的 🔲 【断开的剖视图】按钮，弹出【断开的剖视图】属性管理器。在俯视图中绘制一条闭环样条曲线，如图 8-37 所示。

2）单击绘制完成的闭环样条曲线，弹出【剖面视图】对话框，勾选【自动打剖面线】和【不包括扣件】选项，单击【确定】按钮，弹出【断开的剖视图】属性管理器。在【深度】选项组中，将  【深度】设置为"100.00mm"，如图 8-38 所示。

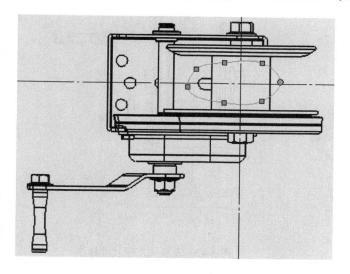

图 8-37　生成样条曲线

图 8-38　【断开的剖视图】属性管理器

3）单击 ✔【确认】按钮后，生成俯视图断开的剖视图，如图 8-39 所示。

5. 标注尺寸

（1）标注水平尺寸

1）单击【注解】工具栏中 ✎【智能尺寸】按钮，选择 ⊡【水平尺寸】菜单命令，如图 8-40 所示。

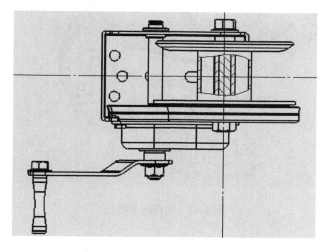

图 8-39　生成俯视图断开的剖视图

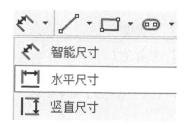

图 8-40　【水平尺寸】菜单命令

2）选择要标注的两条线段，如图 8-41 所示。

3）选择两条线段之后会自动出现尺寸预览，弹出【尺寸】属性管理器，单击 ✔【确认】按钮，水平尺寸标注完成。

4）重复上述步骤完成其他水平尺寸标注，左视图的水平尺寸标注如图 8-42 所示。

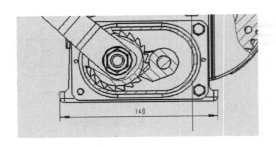

图 8-41　选择两条线段

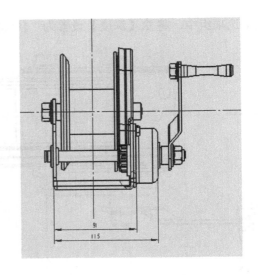

图 8-42　左视图水平尺寸标注

（2）标注竖直尺寸

1）单击【注解】工具栏中 ✎ 【智能尺寸】按钮，选择 🗔 【竖直尺寸】菜单命令，如图 8-43 所示，弹出【尺寸】属性管理器。

2）选择要标注的两条线段，如图 8-44 所示。

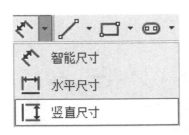

图 8-43　【竖直尺寸】菜单命令

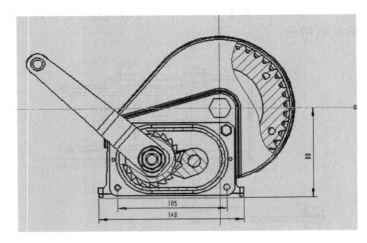

图 8-44　选择两条线段

3）选择两条线段之后自动出现尺寸预览，单击 ✔ 【确认】按钮后，生成竖直尺寸标注，如图 8-45 所示。

4）重复上述步骤完成其他竖直尺寸标注，如图 8-46 所示。

（3）标注配合尺寸

1）单击【注解】工具栏中的 ✎ 【智能尺寸】按钮，弹出【尺寸】属性管理器。选择要标注公差的两条边线，如图 8-47 所示。

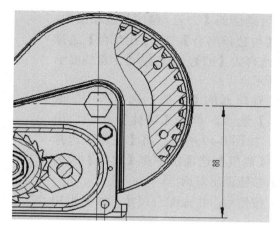

图 8-45　生成竖直尺寸

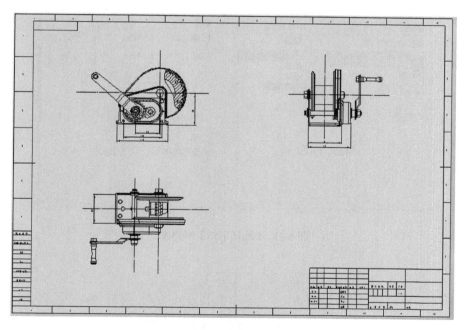

图 8-46　所有竖直尺寸标注完成

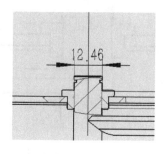

图 8-47　选择两条线段

2）在【尺寸】属性管理器的【公差/精度】选项组中，【公差类型】选择为【与公差套合】，【孔套合】选择为【K8】，【轴套合】选择为【h7】，单击【无直线显示层叠】按钮，如图8-48所示。

3）在【尺寸】属性管理器的【其他】选项卡中，取消选择【使用文档字体】选项，单击【字体】按钮，出现【选择字体】对话框，如图8-49所示，将【字体】选择为【汉仪长仿宋体】，在【高度】选项组中将【单位】改为"3.50mm"，单击【确定】按钮退出对话框。

4）单击 ✔ 【确认】按钮后，生成配合尺寸，如图8-50所示。

图 8-48 【公差/精度】选项组

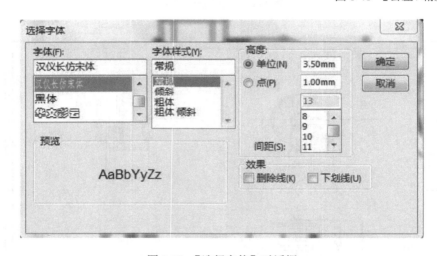

图 8-49 【选择字体】对话框

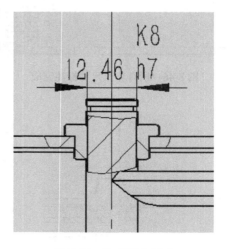

图 8-50 生成配合尺寸

（4）标志锪孔尺寸

1）单击【注解】工具栏中的 ⊔∅ 【孔标注】按钮，单击如图 8-51 所示的锪孔。

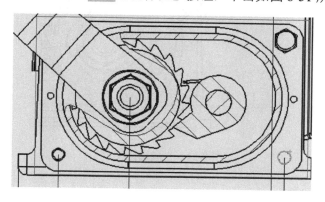

图 8-51　所要标注的锪孔

2）单击孔的边线后，自动出现如图 8-52 所示的尺寸预览。

3）在弹出的【尺寸】属性管理器的【标注尺寸文字】选项组中，将内容改为"4×<MOD-DIAM>5<HOLE-SPOT><MOD-DIAM><DIM>"，如图 8-53 所示。

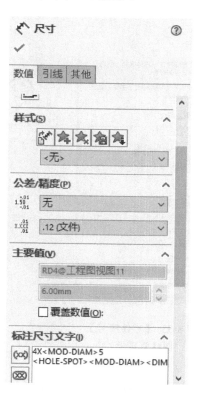

图 8-53　【尺寸】属性管理器

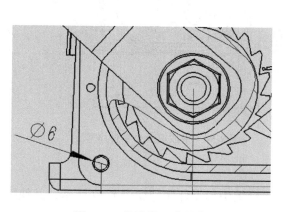

图 8-52　锪孔的尺寸预览

4）单击 ✔ 【确认】按钮后生成锪孔的尺寸，如图 8-54 所示。

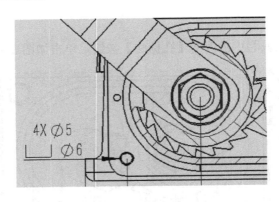

图 8-54　生成锪孔尺寸

6. 添加零件序号

1）单击【注解】工具栏中的 ⚲ 【零件序号】按钮，单击主视图中要标注的零件，弹出【零件序号】属性管理器，如图 8-55 所示。

2）出现零件序号预览，将序号拖放到合适的位置，生成第一个零件序号，如图 8-56 所示。

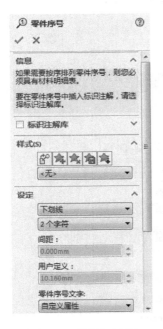

图 8-55　【零件序号】
　　　　属性管理器

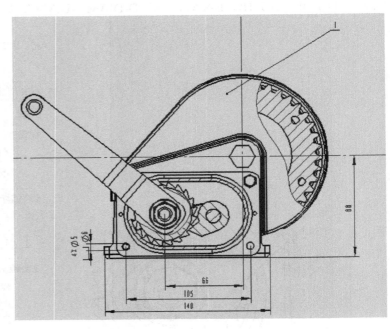

图 8-56　生成第一个零件序号

3）重复上述步骤生成其他零件序号，主视图中的零件序号如图 8-57 所示，其他视图中的编号请自行完成。

7. 添加技术要求

1）在【注解】工具栏中单击 **A** 【注释】按钮，弹出【注释】属性管理器。在图形区域的空白位置单击，出现一个文本框，如图 8-58 所示。

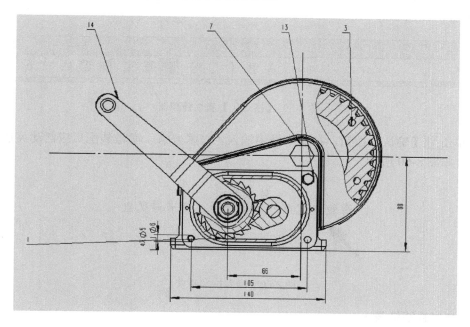

图 8-57　主视图中零件序号

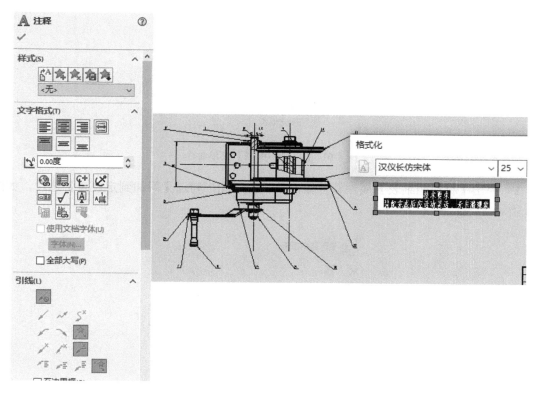

图 8-58　出现文本框

2）在出现文本框的同时会弹出【格式化】属性管理器，可根据实际需要设置字体、字号等，如图 8-59 所示。

图 8-59 【格式化】属性管理器

3）单击 ✅【确认】按钮，在文本框中输入"技术要求　滑轮装配后应活动灵活，无卡滞现象"，如图 8-60 所示。

图 8-60　输入技术要求

8. 添加材料明细表

1）单击【注解】工具栏的 ▦【表格】按钮，选择【材料明细表】菜单命令，如图 8-61 所示。

图 8-61 【材料明细表】菜单命令

2）弹出【材料明细表】属性管理器，单击主视图，勾选【附加到定位点】选项，如图 8-62 所示。

图 8-62 【材料明细表】属性管理器

3）单击 ✔ 【确认】按钮生成零件表，如图 8-63 所示。

项目号	零件号	说明	数量
1	01		1
2	01		1
3	LFak Boy Tambur Montaj		1
4	02		1
5	03		1
6	04		1
7	13		1
8	19		1
9	20		1
10	21		1
11	22		1
12	hex flange nut_am(B18.2.2.4M — Hex Flange nut, M12 x 1.75 —M)		2
13	formed hex screw_am(B18.2.3.3M — Formed hex screw, M6 x 1.0 x 10 ——10WC)		4
14	hex flange nut_am(B18.2.2.4M — Hex Flange nut, M10 x 1.5, with 15 WAF ——M)		1

图 8-63　生成零件表

4）单击零件表左上角的 ⊕ 图标，弹出【材料明细表】属性管理器，在【表格位置】选项组，【恒定边角】选择 ▦ 【右下点】，如图 8-64 所示。

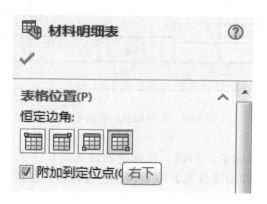

图 8-64　【材料明细表】属性管理器

5）单击 ✓【确认】按钮，生成的零件表即可与图纸外边框对齐，如图 8-65 所示。

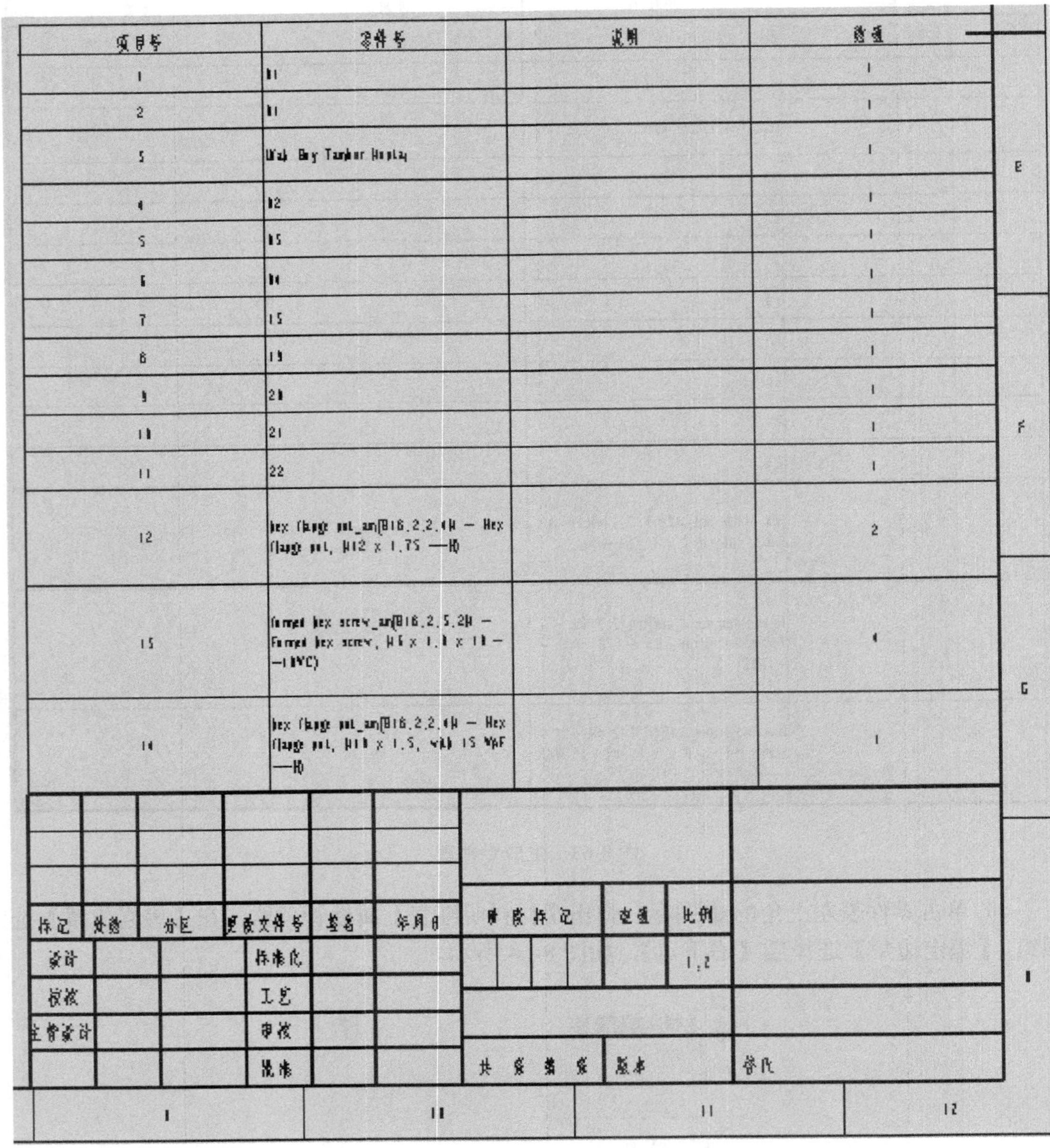

项目号	零件号	说明	数量	
1	10		1	E
2	11		1	
5	Weak Assy Tambur Assembly		1	
4	12		1	
5	15		1	
6	14		1	
7	15		1	F
8	19		1	
9	20		1	
10	21		1	
11	22		1	
12	hex flange nut_am[B18.2.2.4M — Hex flange nut, M12 x 1.75 —N]		2	
15	formed hex screw_am[B18.2.5.2M — Formed hex screw, M6 x 1.0 x 10 —N WC]		4	G
14	hex flange nut_am[B18.2.2.4M — Hex flange nut, M10 x 1.5, with 15 WAF —N]		1	

标记	处数	分区	更改文件号	签名	年月日		阶段标记	重量	比例		
设计			标准化						1:2		
校核			工艺								
主管设计			审核								I
			批准				共 张 第 张	版本		替代	

图 8-65 与外边框对齐的零件表

6）在要更改的列上单击鼠标右键，在弹出的快捷菜单中选择【格式化】|【列宽】菜单命令，如图 8-66 所示。弹出【列宽】对话框，将【列宽】设置为 "45.00mm"，如图 8-67 所示。

7）重复上述步骤设置后面三个列的列宽。

8）在零件表的任意位置单击，弹出【表格工具】工具栏，如图 8-68 所示。单击▦【表格标题在上】按钮，便可出现符合国标的排序。

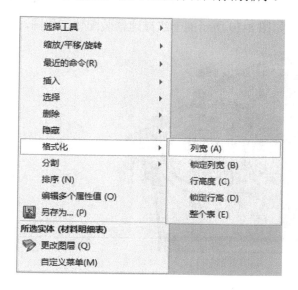

图 8-66 【列宽】菜单命令

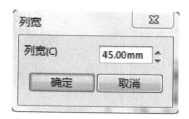

图 8-67 【列宽】对话框

图 8-68 【表格工具】工具栏

9）在零件表的【说明】一列中填入各零件的材料（自行填写）。

10）在图纸空白处单击鼠标右键，在弹出的快捷菜单中选择【编辑图纸格式】菜单命令，在标题栏中输入"定轴轮系装配体"，单击 ✔【确认】按钮，生成标题。

至此，定轴轮系装配体装配图绘制完毕，标题栏如图 8-69 所示，其他部分请自行填写。

						总装图			SJZU	
标记	处数	分区	更改文件号	签名	年月日	图纸格式1	重量	比例	定轴轮系装配体	
设计			标准化					1:2		
校核			工艺							H
主管设计			审核						OGT.0	
			批准			共 张 第 张	版本		替代	
	9			10			11		12	

图 8-69 定轴轮系装配体标题栏

8.3 习题

综合利用各种配合关系，装配设计一个如图 8-70 所示的一级减速器装配体工程图。

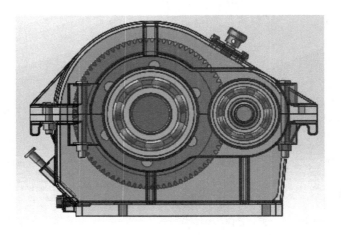

图 8-70　习题图

参 考 文 献

［1］ 赵罘. Solidworks 2010 中文版快速入门与应用［M］. 北京：电子工业出版社，2010.

［2］ 许玢，李德英. Solidworks 2016 中文版完全自学手册［M］. 北京：人民邮电出版社，2017.

［3］ 张中将. Solidworks 2018 机械设计从入门到精通［M］. 北京：机械工业出版社，2018.

［4］ CAD/CAM/CAE 技术联盟. Solidworks 2014 中文版从入门到精通［M］. 北京：清华大学出版社，2016.

［5］ 刘萍华. Solidworks 2016 基础教程与上机指导［M］. 北京：北京大学出版社，2018.

［6］ 郝相林，王伟平，王咏梅. Solidworks 2008 从入门到精通［M］. 北京：电子工业出版社，2009.

［7］ 林祥，谢永奇. Solidworks 2004 基础教程［M］北京：清华大学出版社，2004.

［8］ 侯永涛，黄绢. Solidworks 机械设计使用教程［M］. 北京：化学工业出版社，2006.

［9］ 叶修锌，陈超样. Solidworks 基础教程［M］. 北京：机械工业出版社，2005.

［10］ 李维，杨丽，李光耀. Solidworks 精彩实例［M］. 北京：清华大学出版社，2002.

［11］ Solidworks 公司. Solidworks 高级装配体建模［M］. 北京：清华大学出版社，2003.

［12］ 胡仁喜，刘昌丽. Solidworks 2010 中文版模具设计从入门到精通［M］. 北京：机械工业出版社，2010.

［13］ 葛正浩，李宗民，蔡小霞. Solidworks 2008 三维机械设计［M］. 北京：化学工业出版社，2008.

［14］ 甘霖，龙奎. Solidworks 中文版产品造型与钣金设计典型范例［M］. 北京：电子工业出版社，2011.

［15］ 江洪，于忠海，张培耘. Solidworks 建模实例解析［M］. 北京：机械工业出版社，2008.

［16］ 江洪，陆利岭. Solidworks 工程制图与管路实例解析［M］. 北京：机械工业出版社，2008.

［17］ 陈霖，胡谨，张廷敏. Solidworks 中文版习题精解［M］. 北京：人民邮电出版社，2011.

［18］ 曹立文，陈红，刘琳. Solidworks 2014 实用教程［M］. 北京：电子工业出版社，2015.

［19］ 丁源. Solidworks 2016 中文版从入门到精通［M］. 北京：清华大学出版社，2017.

［20］ 赵罘，杨晓晋，赵楠. Solidworks 2018 中文版机械设计从入门到精通［M］. 北京：人民邮电出版社，2018.

［21］ 胡仁喜. Solidworks 2016 中文版从入门到精通［M］. 北京：机械工业出版社，2017.

［22］ 北京兆迪科技有限公司. Solidworks 产品设计实例精解［M］. 北京：电子工业出版社，2018.

［23］ 北京兆迪科技有限公司. Solidworks 快速入门教程［M］. 北京：电子工业出版社，2018.

［24］ 王艳，韩校粉，刘冬芳，等. Solidworks 2018 中文版完全自学手册［M］. 北京：机械工业出版社，2018.